MACHINES
APPROUVÉES
PAR L'ACADEMIE ROYALE DES SCIENCES

TOME SECOND.

MACHINES
ET
INVENTIONS
APPROUVÉES
PAR L'ACADEMIE
ROYALE
DES SCIENCES.

DEPUIS SON E'TABLISSSEMENT
jusqu'à present; avec leur Description.

Dessinées & publiées du consentement de l'Académie; par M. GALLON.

TOME SECOND.

Depuis 1702. jusqu'en 1712.

A PARIS,
Chez { GABRIEL-MARTIN, JEAN-BAPTISTE COIGNARD, Fils, HIPPOLYTE-LOUIS GUERIN, } Ruë S. Jacques.

MDCCXXXV.
AVEC PRIVILEGE DU ROY.

TABLE DES MACHINES

Contenuës dans ce second Volume.

ANNE'E 1702.

ANNÉE 1703.

ANNÉE 1704.

ANNÉE 1705.

ANNÉE 1706.

ANNÉE 1707.

ANNÉE 1708.

ANNÉE 1709.

ANNÉE 1710.

ANNÉE 1711.

ANNÉE 1712.

ORDRE POUR PLACER LES FIGURES
de ce second Volume.

PRIVILEGE GENERAL.

LOUIS PAR LA GRACE DE DIEU ROI DE FRANCE ET DE NAVARRE : A nos amés & feaux Conſeillers les gens tenans nos Cours de Parlement, Maîtres des Requêtes ordinaires de notre Hôtel, Grand Conſeil, Prevôt de Paris, Baillifs, Sénéchaux, leurs Lieutenans Civils, & autres nos Juſticiers qu'il appartiendra, SALUT. Notre ACADEMIE ROYALE DES SCIENCES, Nous a très-humblement fait expoſer, que depuis qu'il nous a plû lui donner par un Réglement nouveau de nouvelles marques de notre affection, Elle s'eſt appliquée avec plus de ſoin à cultiver les Sciences qui font l'objet de ſes exercices, enſorte qu'outre les Ouvrages qu'Elle a déja donnés au Public, elle ſeroit en état d'en produire encore d'autres, s'il nous plaiſoit lui accorder de nouvelles Lettres de Privilege, attendu que celles que nous lui avons accordées en date du ſix Avril mil ſix cent quatre-vingt-dix-neuf, n'ayant point eu de tems limité, ont été déclarées nulles par un Arrêt de notre Conſeil d'Etat du treize Août mil ſept cent treize, celles de mil ſept cent quatre, & celles de mil ſept cent dix-ſept, étant auſſi expirées ; & deſirant donner à notredite Académie en corps, & en particulier, & à chacun de ceux qui la compoſent, toutes les facilités & les moyens qui peuvent contribuer à rendre leurs travaux utiles au Public ; Nous avons permis & permettons par ces Préſentes, à notredite Académie, de faire imprimer, vendre ou débiter, dans tous les lieux de notre obéïſſance, par tel Imprimeur ou Libraire qu'Elle voudra choiſir, *Toutes les Recherches, ou Obſervations journalieres, ou Relations annuelles de tout ce qui aura été fait dans les Aſſemblées de notredite Académie Royale des Sciences ; comme auſſi les Ouvrages, Mémoires, ou Traités de chacun des particuliers qui la compoſent ; & généralement tout ce que ladite Académie jugera à propos de faire paroître, après avoir fait examiner leſdits Ouvrages, & jugé qu'ils ſont dignes de l'impreſſion* ; & ce pendant le tems & eſpace de QUINZE ANNE'ES conſecutives à compter du jour de la date deſdites Préſentes. Faiſons défenſes à toutes ſortes de perſonnes, de quelque qualité & condition qu'elles ſoient, d'en introduire d'impreſſion étrangére dans aucun lieu de notre obéïſſance ; comme auſſi à tous Imprimeurs, Libraires, & autres d'imprimer ou faire imprimer, vendre, faire vendre, débiter, ni contrefaire aucuns deſdits Ouvrages ci-deſſus ſpecifiés, en tout ni en partie, ni d'en faire aucuns Extraits, ſous quelque prétexte que ce ſoit, d'augmentation, correction, changement de titre, feuilles même séparées, ou autrement, sans la permission expresse & par écrit de notredite Académie, ou de ceux qui auront droit d'Elle, & ses ayans cause, à peine de confiscation des Exemplaires contrefaits, de *Dix mille livres d'amende* contre chacun des contrevenans, dont un tiers à Nous, un tiers à l'Hôtel-Dieu de Paris, l'autre tiers au Dénonciateur; & de tous dépens, dommages & intérêts; à la charge que ces Présentes seront enregistrées tout au long sur le Régistre de la Communauté des Libraires & Imprimeurs de Paris, dans trois mois de la date d'icelles; que l'impression desdits ouvrages sera faite dans notre Royaume; & non ailleurs; & que notredite Académie se conformera en tout aux Réglemens de la Librairie; & notamment à celui du dixiéme Avril mil sept cent vingt-cinq; & qu'avant que de les exposer en vente, les Manuscrits ou Imprimés qui auront servi de Copie à l'impression desd. Ouvrages, seront remis dans le même état, avec les Approbations & Certificat qui en auront été donnés ès mains de notre très-cher & féal Chevalier Garde des Sceaux de France le Sieur CHAUVELIN; & qu'il en sera ensuite remis deux Exemplaires de chacun dans notre Bibliotheque publique, un dans celle de notre Château du Louvre, & un dans celle de notredit très-cher & féal Chevalier Garde des Sceaux de France le Sieur CHAUVELIN; le tout à peine de nullité des Présentes. Du contenu desquelles vous mandons & enjoignons de faire jouir notredite Académie, ou ceux qui auront droit d'elle & ses ayans cause, pleinement & paisiblement, sans souffrir qu'il leur soit fait aucun trouble ou empêchement: Voulons que la copie desdites Présentes qui sera imprimée tout au long au commencement ou à la fin desd. Ouvrages, soit tenuë pour dûement signifiée, & qu'aux copies collationnées par l'un de nos amés & féaux Conseillers & Secretaires, foi soit ajoûtée comme à l'Original. Commandons au premier notre Huissier ou Sergent de faire pour l'exécution d'icelles tous actes requis & nécessaires, sans demander autre permission, & nonobstant clameur de Haro, Chartre Normande & Lettres à ce contraires. CAR tel est notre plaisir. DONNE' à Fontainebleau le douziéme jour du mois de Novembre, l'an de grace mil sept cent trente-quatre; & de notre Regne le vingtiéme. Par le Roi en son Conseil. SAINSON.

Registré sur le Registre VIII. de la Chambre Royale & Syndicale des Libraires & Imprimeurs de Paris, num. 792. fol. 775. conformément au Reglement de 1723. qui fait defenses, Art. IV. à toutes personnes, de quelque qualité & condition qu'elles soient, autres que les Libraires & Imprimeurs, de vendre, debiter & faire afficher aucuns Livres pour les vendre en leur nom, soit qu'ils s'en disent les Auteurs ou autrement, & à la charge de fournir les Exemplaires prescrits par l'Art. CVIII. du même Reglement. A Paris le 15. Novembre 1734. G. MARTIN, Syndic.

L'Académie Royale des Sciences a cedé aux Sieurs G. Martin, Coignard fils, & Guerin, l'aîné, Libraires à Paris, la joüissance du Privilege général par elle obtenu le 12. Novembre de la présente année 1734. pour les *Histoires* & *Memoires de ladite Académie, depuis son établissement en 1666. jusques & compris l'année* 1710. avec les *Tables du Recueil entier de l'Académie*; comme aussi pour le RECUEIL DES MACHINES APPROUVE'ES PAR LADITE ACADEMIE; le tout conformément aux Déliberations, & ainsi que lesdits Sieurs en ont joüi en vertu du précédent Privilege. Fait à Paris le 20. Novembre 1734.

Signé, FONTENELLE, Secretaire perpetuel de l'Académie Royale des Sciences.

Registré sur le Registre VIII. de la Communauté des Libraires & Imprimeurs de Paris, page 778. conformément aux Reglemens, & notamment à l'Arrêt du Conseil du 13. Août 1703. A Paris le vingt Novembre mil sept cent trente-quatre.

G. MARTIN, Syndic.

RECUEIL

RECUEIL
DES MACHINES
APPROUVÉES
PAR L'ACADÉMIE ROYALE
DES SCIENCES.

ANNÉE 1702.

CABESTAN

POUR L'USAGE DES VAISSEAUX,

INVENTÉ

PAR M. DE LA MADELAINE.

CE CABESTAN peut servir simple & à lanterne. On le rend simple en tirant la dent X du lieu *a* qu'elle occupe dans la roüe I, pour lors ce Cabestan n'engréne plus, & devient comme les Cabestans ordinaires.

1702. Nº 68.

FIGURE I.

FIG. II.

Quand on veut plus de force on remet la dent X à la roüe I, on garnit le tournevire sur la cloche G, & pour lors la force est multipliée comme 1 à 24.

Pour que ce changement de tournevire d'un Cabestan sur l'autre n'apporte aucun retardement, on prend la bosse

à œillet R, l'on passe cet œillet sur le tenon L de la clo-
1702. che G, & l'on fait faire un tour à la bosse sur la cloche
N° 68. G. L'on prend ensuite avec des garcettes la bosse R sur
FIG. III. le tournevire en quelque endroit P. Et pendant que l'on vire sur cette bosse R on largue l'éguillete Q, du tournevire, on dépasse le tournevire de dessus la cloche E, en le garnissant sur la cloche G, & quand il est reguilleté comme en la figure 2, on largue les garcettes P de la bosse R, & par-là le tournevire se trouve changé de Cabestan, sans qu'on ait cessé un seul moment de virer.

Si sur le bout S des barres du Cabestan on met deux
FIG. IV. bricoles V, qui puissent *traverser comme* un baudrier sur l'estomac des Matelots, quatre *hommes* travaillans ainsi sur chaque barre, sçavoir deux dans *les bricoles*, & deux sur la barre, feront plus de force que huit qui seroient *sur toute* la longueur de la barre. Ces bricoles se dégarnissent en levant la cheville S.

REMARQUE.

L'essieu de ce Cabestan, qui est de fer, n'a que quatre à cinq pouces de diametre, ce qui ne donne que très-peu de frotements dans les étambrais, & facilite beaucoup le virage. L'on regardera peut-être ce Cabestan comme peu propre au virage des Vaisseaux, à cause qu'il ralentit le mouvement, & qu'il est *quelquefois* important de pouvoir lever *promptement* l'ancre; il est vrai qu'il y a des tems & des lieux où le Cabestan ordinaire suffit, & même doit être préféré au Cabestan à lanterne, parce que ce dernier travaille plus lentement. Mais il y a *des occasions* où le Cabestan ordinaire *ne fait pas assez de* force, comme quand l'ancre est enrochée, ou qu'on est mouillé dans un fond d'argille, ou enfin lorsqu'un Equipage se trouve foible, pour lors il faut se servir de poulies doubles, & de retour, dont l'usage est encore plus lent & plus embarrassant que celui du Cabestan à lanterne.

1702. N° 68.

EXPLICATION DU BÂTIS DU CABESTAN à Lanterne.

A. (*Fig. 2.*) Premier Pont.

B. Second Pont.

C. Troisiéme Pont, ou Gaillard.

D. Baux des ponts.

E. Cloche du Cabestan à Lanterne.

F. Seconde Cloche du Cabestan à Lanterne.

G. Cloche du Cabestan de force.

H. Lanterne du Cabestan.

I. Roüe du Cabestan de force.

L. Tenon de bosse.

M. Tête à l'angloise du Cabestan.

N. *Barre* du Cabestan.

P. Tournevire.

Q. Aiguillete du Tournevire.

R. Bosse qui sert à changer le Tournevire.

S. (*Fig.* 1.) Cheville du bout des barres du Cabeſtan.

1702. N° 68. V. (*Fig.* 4.) Bricoles qui ſervent à virer le Cabeſtan.

X. (*Fig.* 1.) Dent qui ſe démonte de la rouë du Cabeſtan de force.

Cabestan à Lanterne.

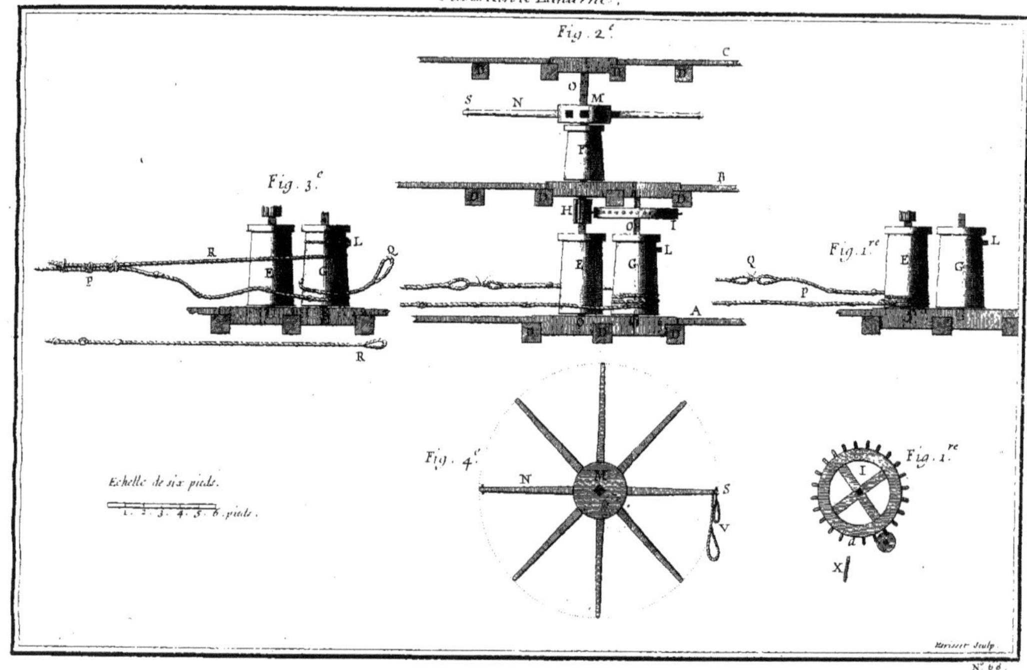

CABESTAN A LANTERNE
INVENTÉ
PAR M. DE BOURGES.

LA premiére Figure représente le Cabestan ordinaire, dont l'usage est assez connu pour que le simple détail qu'on en va faire, suffise. 1702. Nº 69.

A B est la partie du Cabestan qui est sous le gaillard du Vaisseau, & B D l'autre partie comprise dans l'Entre-pont. On applique des barres à ces deux endroits, où l'on place les hommes destinés à le faire tourner. Fig. I.

E G est le Cabestan à lanterne, dont la partie E F est semblable à la partie A B du premier. Le colet F est dans l'épaisseur du pont, & son extrémité G dans la Carlingue, de même que les Cabestans déja en usage. Fig. II.

Ce Cabestan ne differe donc des autres qu'en ce qu'il est composé d'une lanterne HI, dans laquelle engrene une rouë horisontale I L fixée à un second Cabestan M. C'est sur ce Cabestan que l'on garnit le cordage sur lequel l'on veut virer. Il est clair que par ce moyen la force sera beaucoup augmentée, mais la lenteur sera aussi proportionnée. Ce Cabestan est à peu près semblable au précédent, & presque sujet aux mêmes inconveniens. Le tems est souvent trop précieux en Mer pour se servir de semblables machines, puisque quand un Vaisseau vient à chasser sur des endroits dangereux, on est obligé de couper le Cable, ne pouvant avoir le tems de lever l'Ancre avec le Cabestan simple. A quoi il faut ajoûter les frotements continuels qui s'y rencontrent, & qui tendent à faire manquer les dents de la rouë; ce qui pourroit arriver dans des tems précipités, & jetteroit un Equipage dans l'embarras.

1702. Cependant il y auroit des occasions où l'on pourroit
N° 69. s'en servir, telles que celles qui sont rapportées au Cabestan précédent de M. De La Madelaine. Il peut encore être d'usage dans des Pontons pour coucher un Vaisseau sur le côté, pour le mettre en caréne; il servira encore à les mâter, & à d'autres manœuvres où il faudroit employer beaucoup de force lorsque l'on aura tout le tems nécessaire.

En ces differens cas il résulte plusieurs avantages.

1. Il augmentera la force de maniére qu'il faudra les deux tiers moins de monde.

2. En s'en servant dans un Vaisseau il supprimera le virage de l'Entrepont, ce qui soulagera beaucoup l'Equipage, par le dérangement qu'on est obligé de faire des canons & des coffres qui se rencontrent dans le circuit de 16 ou 18 pieds de diametre qu'il faut pour poser les barres.

3. On aura plus de fusée pour entortiller le tournevire, par ce moyen on avancera beaucoup la manœuvre, choquant bien moins souvent qu'avec l'autre.

4. Les Matelots ne seront plus en danger d'être blessés, comme il arrive quand le linguet vient à manquer.

MACHINE

Autre Cabestan à Lanterne.

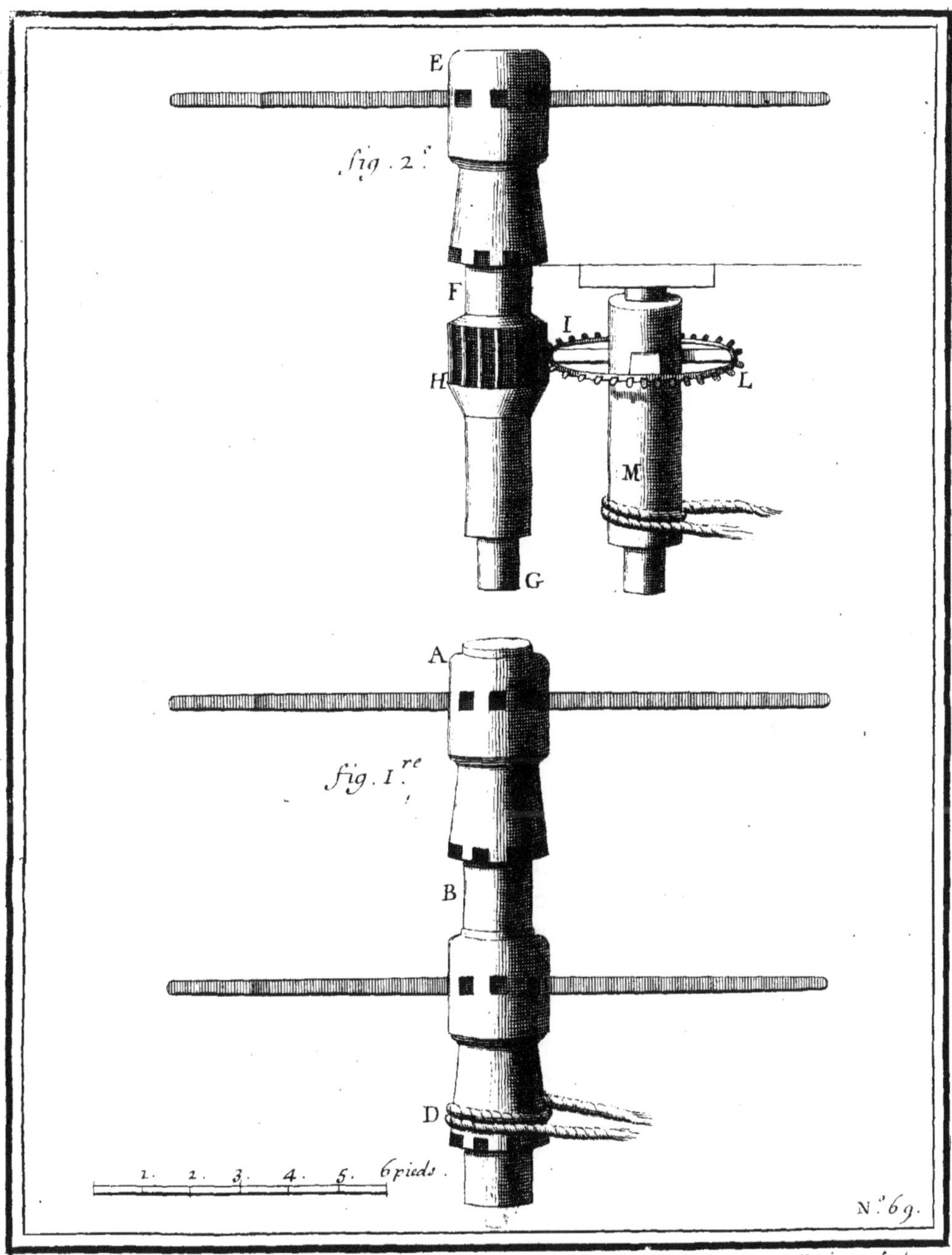

Herisset Sculp.

MACHINE
POUR TIRER LES VAISSEAUX A TERRE, INVENTÉE PAR M. DU MÉ.

1702. N° 70. FIG. I.

ABC sont les cables qui tiennent au berceau qui porte le Vaisseau sur la cale. Ces cables sont amarés aux grosses poulies, 1, 2, 3, qui sont suivies de quatre autres 4, 5, 6, 7; les deux moufles 4, 5, tiennent aux ancres D, E, au moyen des cables DG, EF qui se doublent dans l'organeau de l'ancre, & qui viennent ensuite s'amarer à l'étrope de la poulie. Les deux autres poulies 6, 7 sont encore étropées aux moufles HI, dont les usages seront expliqués.

Dans les sept poulies, 1, 2, 3, 4, 5, 6, & 7, passe le gros funin, qui après avoir fait tous les tours que l'on peut remarquer dans cette figure vient s'amarer par ses deux bouts aux chapes des moufles LM. Les rouëts des sept grosses poulies doivent avoir deux pieds & demi de diametre, & cinq pouces deux lignes d'épaisseur, le funin qui passe dedans ayant quinze pouces de gros ou de circonférence.

Les six autres moufles L, M, N, O, H, I, servent à tirer sur les grosses poulies 1, 2, 3, &c. au moyen du petit funin qui y passe.

Les plus grands rouets des moufles L, M, &c. doivent avoir deux pieds & demi de diametre, & les plus petits rouets, c'est-à-dire ceux qui viennent vers l'extrémité

1702. No 70. la plus étroite de la chape, diminueront toûjours de six pouces aussi de diametre; mais ils auront tous la même épaisseur, qui doit être de trois pouces deux lignes, le funin qui leur sert ayant neuf pouces de circonférence. Ce funin après avoir passé plusieurs fois de la poulie M dans la poulie N, de-là dans la poulie I, ses deux extrémités P, Q se garnissent aux Cabestans à lanterne qui leur répondent, & ces deux Cabestans sont fixés aux deux ancres 20, 30, qui leur répondent aussi, & qui sont enterrées à la partie la plus éloignée de la cale. Un funin semblable passe de la poulie L dans la poulie O, & de-là dans la poulie H. Ses deux bouts R, S vont pareillement se garnir aux Cabestans qui leur répondent, de façon qu'il y a quatre Cabestans de front correspondans aux quatre ancres supérieures placées de la même maniére; les deux autres ancres T V, sont pour retenir par leurs organeaux les poulies dormantes O N, de même les grosses poulies dormantes 4, 5, sont retenuës par les ancres D, E.

L'on voit que cette machine produira une force proportionnée aux retours des cordages multipliés, & que par son moyen l'on peut faire de grands efforts. L'on donnera le calcul de l'avantage de ces sortes de Machines dans une semblable qui sera décrite à l'Année 1703.

Fig. II. La deuxiéme figure représente le plan de la cale, composée de trois coulisses A B, C D, EF: ces coulisses doivent être de trois pieds de profondeur; elles contiennent des rouleaux dans une partie de leur longueur, tels que B G. Ces rouleaux seront de neuf pouces de longueur chacun, qui est aussi à *peu près l'ouverture* de la coulisse; & ils seront soûtenus par leurs axes, pour plus grande sûreté, en quatre differens endroits; sçavoir par les coulisses, & par deux autres bordages qui regneront tout le

Fig. III. long des coulisses, comme on le peut voir par le profil de toute la largeur de la cale. C'est sur les coulisses A B,

E F qui portent les anguilles du Ber ; & la couliſſe C D du milieu porte une piéce propre à recevoir la quille du Vaiſſeau. Les anguilles auront un pied d'épaiſſeur, deux pieds huit pouces de largeur ; & porteront ſur leurs côtés de diſtance en diſtance, des rouets qui déborderont ſeulement d'un pouce, au moyen deſquels les anguilles ne froteront point contre les côtés intérieurs des couliſſes. 1702. Nº 70.

La quatriéme figure marque le profil de la cale ſuivant la longueur, & donne par conſéquent ſa pente, qui doit être de dix lignes par pied, afin que le Vaiſſeau ne vienne point de trop loin. FIG. IV.

Lorſque l'on voudra donc tirer un Vaiſſeau à ſec, l'appareil ordinaire ſuppoſé fait, c'eſt-à-dire le Vaiſſeau établi ſur ſon berceau, ce berceau ſaiſi par les cables A, B, C, l'on fera virer les quatre Cabeſtans à la fois, qui tireront ſur les quatre cordages S, R, P, Q, au moyen de quoi le Vaiſſeau montera le long du plan ; mais pour cela il faut obſerver que tous les cordages ſoient bien paſſés, & que la manœuvre ſoit conduite à propos ; car il y a bien des inconveniens & du riſque dans cette maniére de tirer les Vaiſſeaux.

1. On ne ſçauroit avoir trop d'attention à faire porter le Vaiſſeau ſur ſon berceau, où il eſt toûjours en danger de ſe renverſer.

2. Les differents ébranlements cauſés par le travail, & les differents tours que le Vaiſſeau ſe donne en cette ſituation par rapport à ſon poids, lui font ſouvent prendre de faux côtés, en altérant abſolument ſa conſtruction.

3. Si un funin vient à caſſer, il peut reſulter beaucoup d'accidents, tant pour le Vaiſſeau que pour les Ouvriers.

4. Enfin en ſe ſervant de ces ſortes de Cabeſtans à lanterne, il eſt vrai qu'on augmente la force, toutefois en perdant du tems proportionnellement ; mais auſſi il eſt à craindre qu'une des dents de la lanterne, ou de la roüe

1702. qui la conduit ne vienne à casser ; ce qui produiroit le même effet que si le cordage cassoit.

N° 70. Cependant ces inconveniens ne sont pas sans remede ; puisque l'on se sert tous les jours d'une manœuvre à peu près semblable pour le même usage.

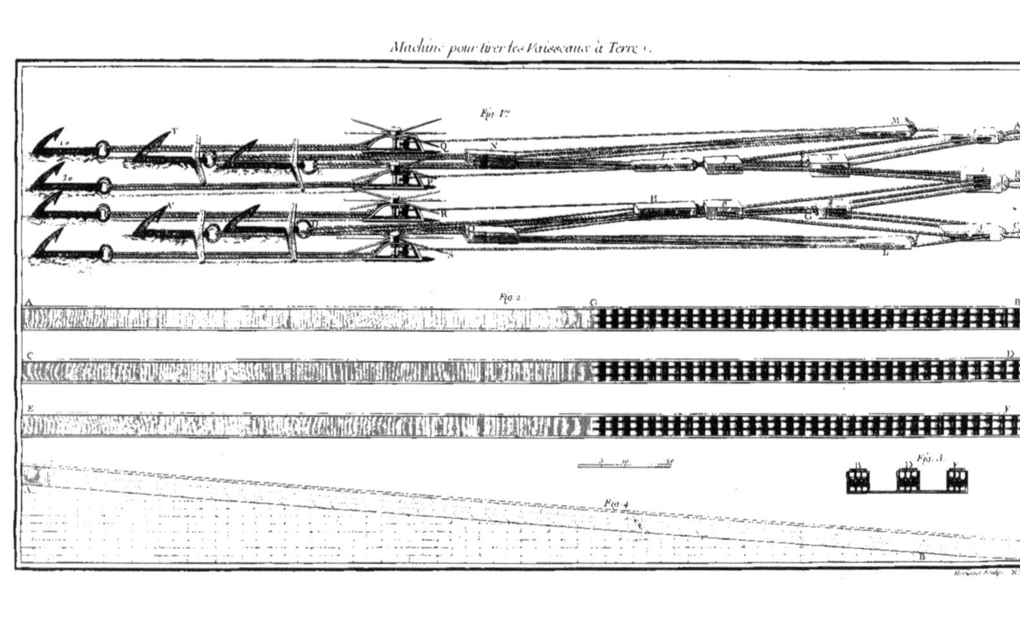

Machine pour tirer les Vaisseaux à Terre.

MACHINE POUR ÉLEVER L'EAU.

PAR M. GAY.

L'ON suppose ici qu'il faille élever de l'eau d'une riviére par le moyen de son courant; & que pour y parvenir on employe cette machine. On commencera par faire d'un côté ou de l'autre de la riviére un reservoir ABC, sur les bords duquel on établira une plate-forme DE, percée dans toute son épaisseur de deux trous ronds pour y recevoir les deux corps de pompe F, G, qui doivent tremper dans le reservoir : ces pompes n'ont rien de particulier, & sont garnies de soupapes, comme on le voit en profil dans la figure 2. 1702. No 71. FIG. I.

Un bâtis construit sur cette plate-forme entre les deux corps de pompes contient un chassis H I, dont les côtés qui le forment sont mobiles autour des chevilles qui l'assemblent à ses quatre angles. Dans le milieu du grand côté MI, est une portion de roue dentée, au centre de laquelle est une cheville. Il y a une autre cheville semblable au milieu de l'autre grand côté HZ, & ces deux grands côtés étant semblables, les deux chevilles serviront de suspension au chassis, c'est-à-dire que ce chassis sera assujéti aux montans N, O, aux deux points, P, Q autour desquels *il peut se mouvoir* verticalement. FIG. II.

Au milieu de chaque petit côté, comme MH, est fixé un bras RS qui tient la tige du piston de la pompe F; il en est de même de l'autre côté.

Cette machine est mise en mouvement par la roue T, construite à l'extrémité la plus éloignée de la plate-forme,

1702. N° 72.

Cette rouë présente ses aubes ou palettes au courant, & est soutenuë par son arbre aux deux montans du bâtis V; à l'endroit de cet arbre qui répond au chassis, on fixe une rouë X à demie dentée, & qui dans sa révolution engréne dans la portion de rouë dentée pratiquée au milieu du côté M I, ce qui fait baisser un côté du chassis, & élever l'autre, & par conséquent aspirer une pompe, & refouler l'autre. Le chassis revient en son premier état par le moyen d'un poids appliqué en I, qui lorsque ce côté est élevé par le mouvement de la rouë, & que cette rouë n'engréne plus, oblige ce côté de descendre, & le faisant refouler, l'autre côté remonte & aspire.

FIG. III. Car si l'on conçoit le chassis *H I* mobile autour des quatre points M, I, Z, H, ensemble sur les deux points P, Q, lorsque la rouë X tournera de X en W, & qu'elle engrénera au côté supérieur du chassis, elle fera aspirer le piston du côté I, & refouler celui qui tient au bras R S; mais quand cette rouë viendra à sa derniére dent, elle cessera d'engréner, & alors n'agissant plus sur le chassis, le poids I qui avoit été élevé retombera & fera refouler le piston qui tient au bras I Z, ensorte que dans ce second cas le chassis prendra la situation *i z m h*, jusqu'à ce que la rouë demi-dentée ayant achevé sa revolution, vienne à engréner de nouveau vers Q, & ainsi de suite. Ensorte que chaque piston aspirera & refoulera alternativement.

La mécanique employée dans cette machine n'est point nouvelle, elle se trouve dans Ramelli, & l'application que l'on en fait ici n'est point assez avantageuse pour produire de grands effets. De plus il faudra un puissant moteur pour la faire agir; les grands frotements qui s'y rencontrent, joints à la pesanteur de la matiére qui la compose en rendront les mouvements durs.

Machine pour élever de l'Eau.

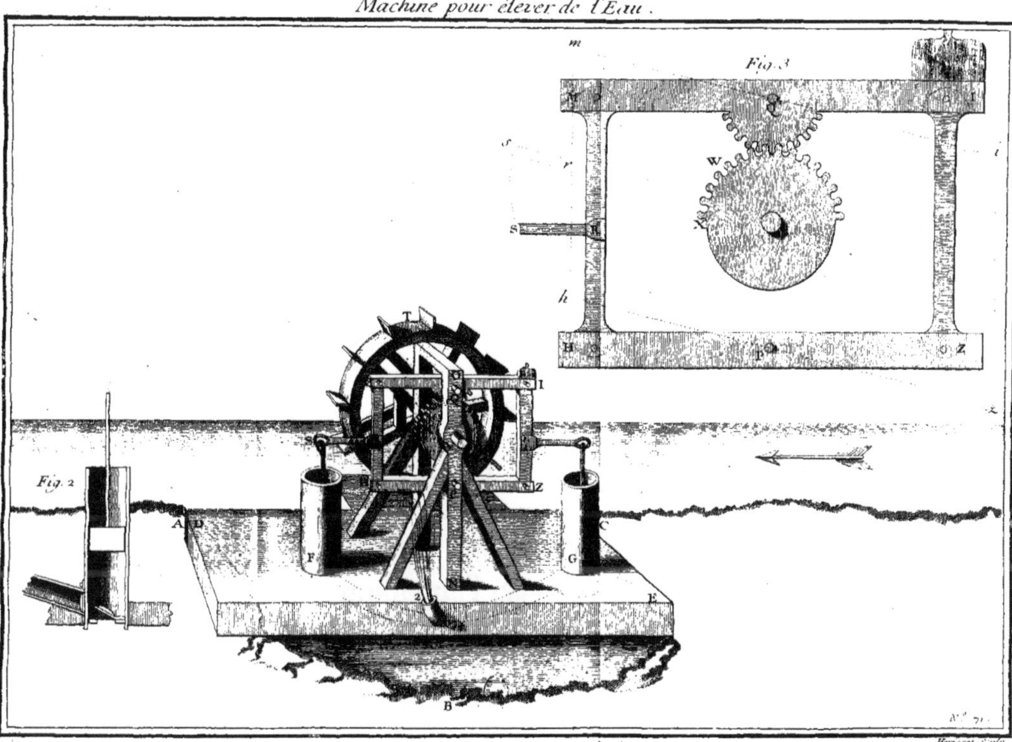

LEVIER

A ROUE DENTÉE

INVENTÉ

PAR M. DE LA GAROUSTE.

1702.
Nº 72.
FIG. I.

LE grand Levier AB a son point d'appui en C, au-dessous & au-dessus duquel sont deux pates ou pieds de biche D, E, mobiles autour de leurs cloux. Ces pates sont chacune appuyée sur un des fuseaux de la lanterne F. A l'autre extrémité de l'arbre de cette lanterne est un pignon G qui fait tourner la rouë H, avec son arbre I, autour duquel s'entortille la corde attachée au fardeau que l'on veut tirer ou lever, selon la situation de la Machine.

FIG. II.

Le mouvement de cette machine vient de la force imprimée sur la rouë F produite par l'impulsion du Levier AB, auquel une puissance appliquée en A fait faire le chemin LM, LN. L'action de la pate D se fait suivant l'arc LM; elle pousse par conséquent la rouë F; cette pate échape au fuseau qu'elle poussoit en faisant revenir le bras du Levier de M vers L; alors le bras du Levier se trouvant perpendiculaire à l'horison, l'impulsion de la pate E se fait en faisant parcourir au Levier le chemin LN. La pate D échape le fuseau *r* & remonte sur le fuseau S, qui est ensuite poussé en faisant revenir le Levier de N en L; & ainsi des autres.

1702. N° 72.

CALCUL DE LA FORCE DE LA MACHINE.

Si l'on suppose la puissance agissant sur la lanterne par une ligne parallele à l'horison, la puissance sera à la resistance du fardeau, comme le produit du rayon du pignon G, multiplié par le rayon du treuil I, est au produit du rayon de la lanterne F, multiplié par le rayon de la roue H; mais la puissance est appliquée à l'extrémité A du Levier, ainsi elle diminuera & augmentera suivant la détermination qu'on lui donnera, car ce Levier change de nature alternativement, c'est-à-dire, qu'il est tantôt de la premiére, & tantôt de la seconde espéce. Par exemple, lorsque la puissance appliquée en A fait décrire au Levier l'arc L M, cette puissance sera à la resistance comme *c b* à C A, Levier de la premiére espéce.

Lorsque ce même Levier revient de M en L, & qu'il est ensuite poussé de L en N, en ce cas la puissance sera à la resistance, comme C T, à C A, Levier de la seconde espéce.

En nombres, on suppose cette puissance de 28. livres appliquée directement à la lanterne F, cette lanterne égale à la roue H, & de 14. pouces chacune de rayon, le pignon & le treüil aussi égaux, de 3. pouces chacun de rayon, la puissance sera à la resistance du fardeau comme 9 est à 196. mais par rapport au Levier, supposant que C B soit à C A, comme 1 à 28. une livre en A, suivant l'arc L M, en tiendra donc $609\frac{7}{9}$ en équilibre, & suivant l'arc L N pour l'action de la pate E, ce sera comme C T à C A, qui est comme 2 à 28. il faudra donc un effort double, c'est-à-dire que 2 livres en N feront équilibre avec une resistance égale à ce qu'une livre en M faisoit, qui est $609\frac{7}{9}$.

AUTRE

Levier à rouë dentée.

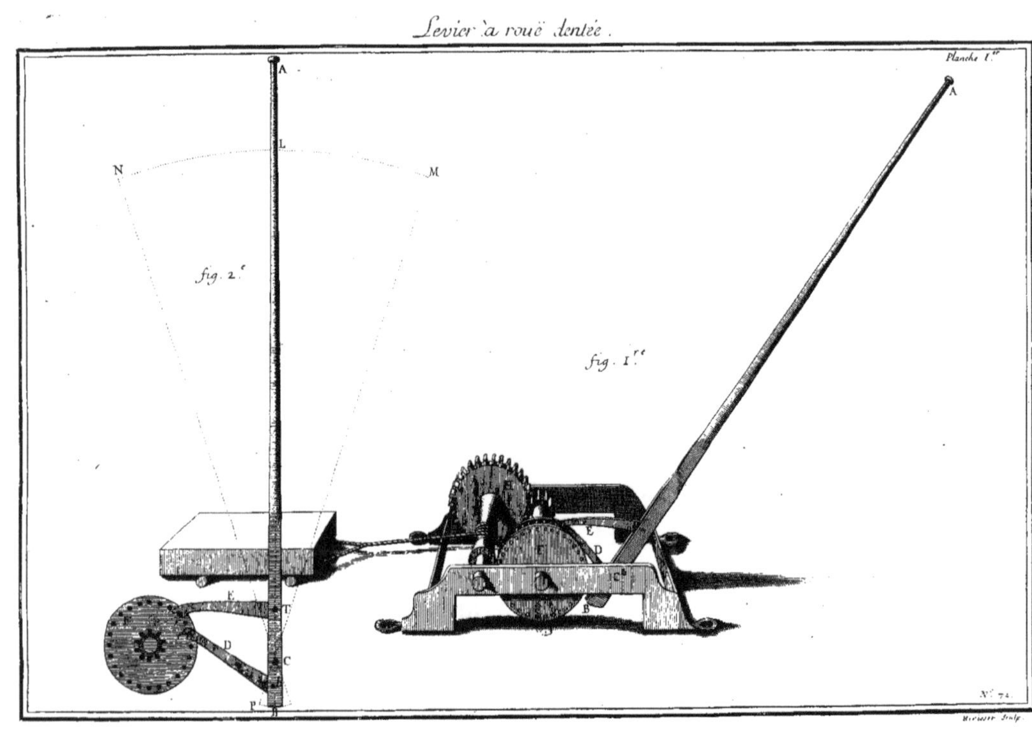

AUTRE LEVIER
A ROUES DENTÉES
INVENTÉ
PAR M. DE LA GAROUSTE.

LA lanterne A porte un rochet B qui lui est fixé, garni d'un cliquet I poussé par un ressort. A l'extrémité opposée de l'arbre de cette lanterne est un pignon C qui engréne dans une roue D, à l'arbre de laquelle est un second pignon E qui mene la roue F fixement attachée à l'extrémité du tambour G, sur lequel roule la corde attachée au poids. Le petit rouleau H est pour diminuer le frotement de la corde. Deux Leviers tels que *bde*, dont le centre de mouvement est en *e*, servent à faire mouvoir la machine, au moyen de deux crochets qui y sont adaptés, & qui peuvent se mouvoir sur les cloux qui les assemblent. Ils prennent alternativement les fuseaux de la lanterne, dans laquelle ils tombent par leur propre poids; & étant tirés en avant, ils feront tourner nécessairement la lanterne, & par conséquent tout le rouage qui attirera le fardeau.

1702. N° 73. PLANCHE II. FIG. I. & II.

Cette Machine a beaucoup de rapport au Levier de M. De La Garouste; elle n'en différe que dans le nombre des roues dentées qui se trouvent ici augmentées; mais aussi la position des Leviers n'est pas si avantageuse que dans la premiére Machine. Voici le calcul de l'avantage qui fera voir de quoi elle est capable.

1702.
N° 73.

CALCUL.

Si la puiſſance agiſſoit directement à la lanterne par une direction horiſontale, la puiſſance ſeroit à la reſiſtance du fardeau, comme le produit fait du rayon du pignon C, du rayon de l'autre pignon E, & du rayon du tambour G, eſt au produit fait du rayon de la lanterne A, du rayon de la rouë D, & du rayon de la rouë F. Suppoſant la puiſſance de 50 livres, la lanterne A & les deux rouës D, F, toutes trois de 12 pouces chacune de rayon, les pignons C, E, chacun de 5 pouces, le tambour G de 9 pouces auſſi de rayon, nous aurons cette proportion P. R : : 50. 384. mais la puiſſance agiſſant à l'extrémité *b* du Levier, elle augmentera en force dans la raiſon de *ed* à *eb*, or *ed* étant à *eb* comme 1 à 4. il s'enſuivra que la puiſſance ne fera que la quatriéme partie de l'effort qu'elle faiſoit à la lanterne, donc en ce cas P. R : : 12 $\frac{1}{2}$. 384.

Autre Levier à roues dentées.

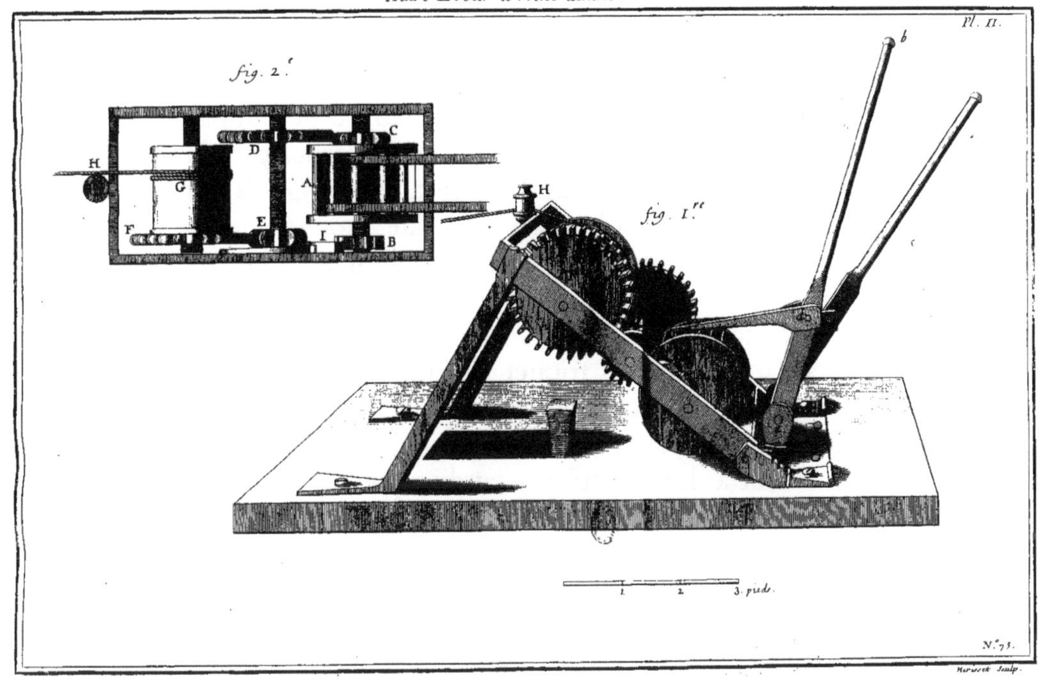

LEVIER À ROCHET

INVENTÉ

PAR M. DE LA GAROUSTE.

1702. N° 74. *PLANCHE III.*

A B est une rouë taillée en forme de rochet, au centre de laquelle est fixé un cylindre C, qui se peut mouvoir avec le rochet sur ses deux pivots soûtenus par un bâtis D E. Un Lévier F G H mobile au point G, & qui est ici dans une situation horisontale, fait mouvoir le rochet, & par conséquent le treüil qui lui est attaché par le moyen de deux étriers I L, M N. Car ces étriers qui sont mobiles aux points I, M, sont tellement disposés, & prennent les dents du rochet de telle maniére, que haussant & baissant successivement les bras du Levier, ils feront tourner le rochet. L'un des deux étriers tend toûjours à tirer à lui le rochet, tandis que par ce mouvement l'autre échape à la dent qu'il avoit prise, & en reprend une autre. Par exemple si l'on abaisse l'extrémité H, l'étrier I L tirera en enhaut le rochet, & le fera tourner sur lui-même, si ensuite on éleve ce bout H en abattant le bout opposé F, suivant les arcs F *f*, & *h* H, ce sera le second étrier M N qui fera tourner la rouë, pendant que l'autre tombera par son propre poids, & prendra un autre dent du rochet pour le faire mouvoir de quelque côté que l'on agite le Levier. Le poids *P* est le fardeau que l'on veut tirer, sous lequel l'on place des rouleaux pour en faciliter le transport.

Levier a Rochet.

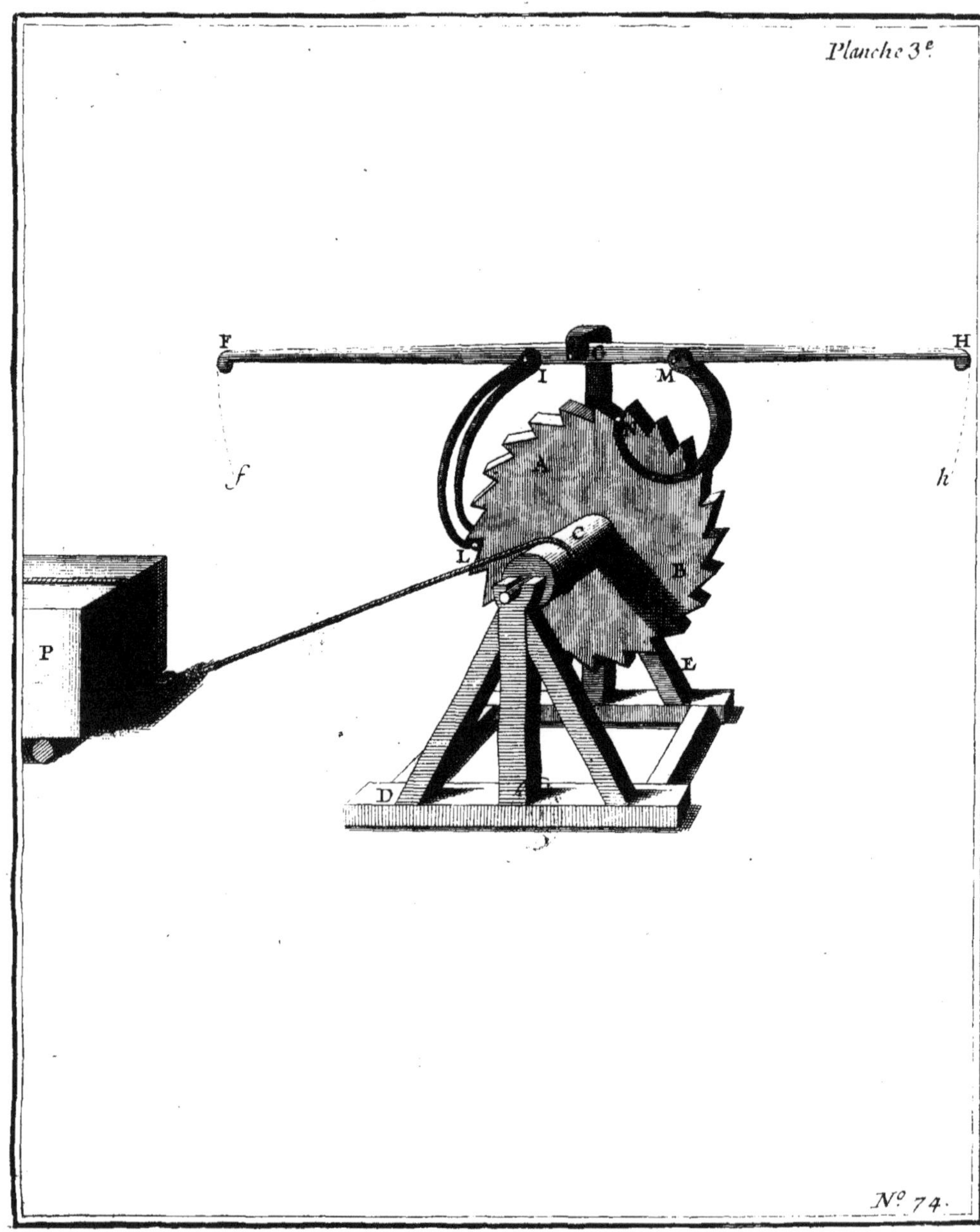

Dheulland Sculp.

FENETRE DE MENUISERIE

GARNIE D'UN CONTREVENT, INVENTÉE PAR M. GODEFROY.

LA Fenêtre ABCD eſt garnie de chaſſis à verre; elle ne différe des Fenêtres ordinaires qu'en ce que chaque côté du Contrevent comme EFGH, au lieu d'être d'une ſeule piéce, eſt briſé en trois parties ſuivant ſa largeur, & aſſemblé par des charniéres qui permettent aux piéces de s'appliquer les unes ſur les autres. Ce Contrevent eſt adapté au chaſſis même ABCD, & non en dehors de l'embraſure, comme les Contrevents ordinaires, de maniére que chaque briſure n'étant pas plus large que l'épaiſſeur du mur qui forme la Fenêtre, le Contrevent étant plié peut être aiſément logé en dedans, où il eſt retenu par un boulon ſcelé dans le mur, & qui entre dans des trous L, L pratiqués aux briſures leſquelles ſont enſuite retenuës par une clavete: un ſecond boulon M fixé en dehors ſert à la fermeture des Contrevents qui s'aſſemblent alors en feuillure. Un ſemblable boulon eſt fixé pour le même uſage à la partie ſupérieure de la Fenêtre. Ces boulons entrent de même que ceux dont on a parlé ci-deſſus, dans des trous ronds G, G, faits aux extrémités de la derniére briſure.

1702. N° 75. FIG. I. & II.

Voici la maniére dont ces Contrevents s'ouvrent & ſe ferment.

Si l'on veut fermer la Fenêtre avec les Contrevents, on dégagera les briſures 2, 3, 3, 4, 4, 5, du boulon I; enſuite on appliquera la partie 2, 3, ſur l'épaiſſeur du mur, après quoi les deux autres parties 3, 4, 4, 5. ſe

FIG. III.

1702. N° 75.

trouvant au niveau du dehors, on redresſera ces deux mêmes parties, dont la derniére 4, 5, ſera retenuë par le boulon M. C'eſt la même mécanique pour l'autre côté du Contrevent, qui eſt ſemblable à celui-ci. La Fenêtre fermée eſt repréſentée par les chiffres 6, 7, M, 8, 9, & le Contrevent ſe trouvera arrêté par la clavete du boulon M. Lorſque l'on voudra ouvrir le Contrevent, & le ſerrer, on le dégagera en tirant les clavetes des boulons M, enſuite on fera rentrer les deux côtés que l'on appliquera contre le mur, en aſſujétiſſant ces côtés contre les murs de l'embraſure où ils ſeront arrêtés par les boulons I I, &c. qui y ſont ſcelés.

Si cette eſpéce de Contrevent coûte plus à conſtruire, il eſt auſſi plus durable & plus commode que les Contrevents ordinaires qui ſont poſés en dehors, & ſujets aux injures de l'air, outre qu'ils ſont plus difficiles à ouvrir & à fermer, ſurtout lorſqu'ils ſont expoſés à de grands vents qui les appliquent fortement contre les murs, & qui obligent de paſſer la moitié du corps hors de la Fenêtre pour les pouvoir fermer, ou arrêter lorſqu'ils ſont ouverts; ils ſont auſſi plus ſujets à ſe défaire des tourniquets qui les retiennent, & par conſéquent ſont ſouvent battus & briſés par le vent: celui-ci n'eſt point ſujet à tous ces inconveniens, puiſqu'il peut ſe plier & être renfermé dans un petit volume, où il eſt parfaitement aſſujéti.

Fenetre de menuiserie

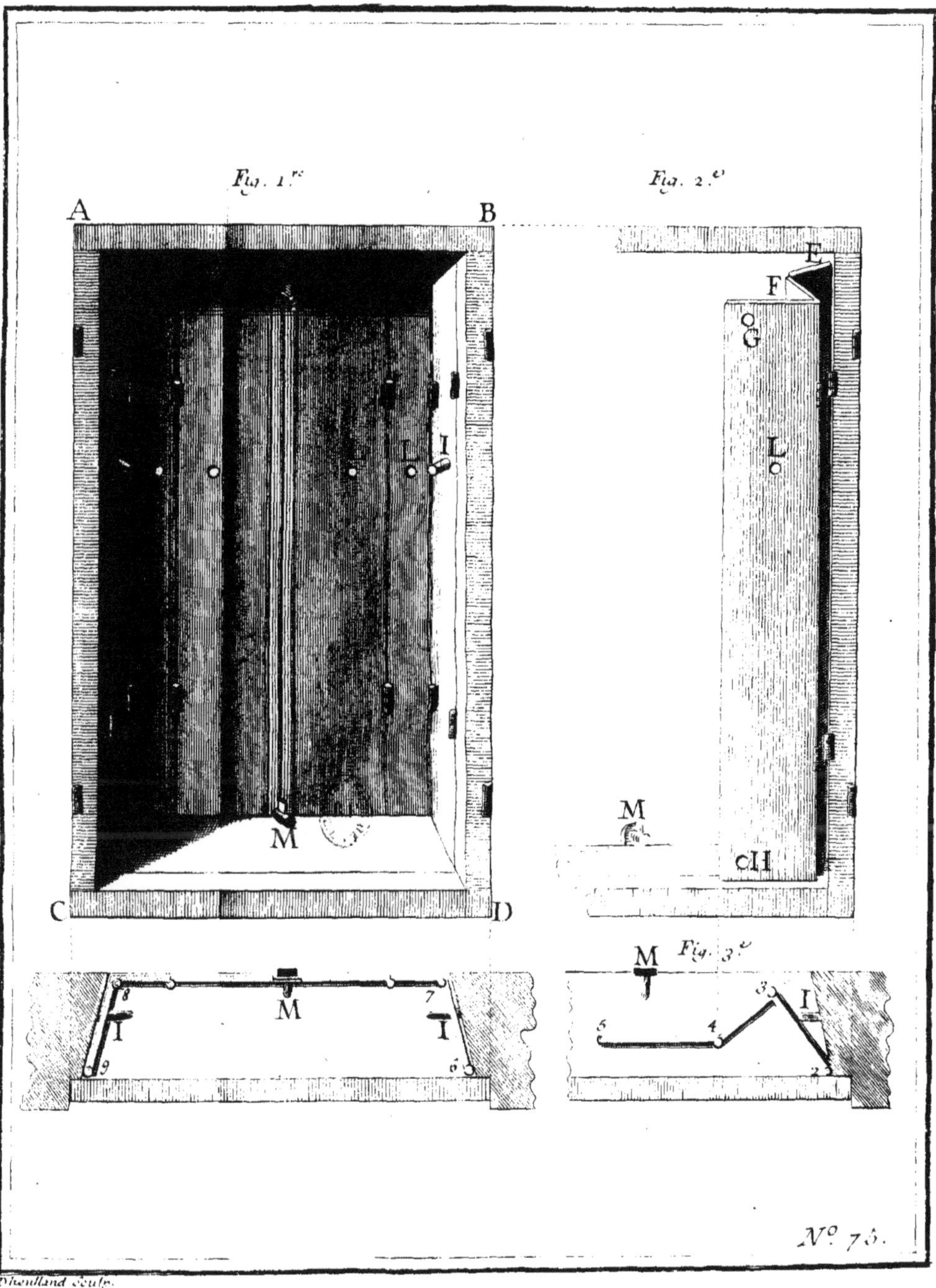

Dheulland Sculp.

PARAPETS TOURNANS

PROPOSÉS

PAR M. DE BARVILLE.

1702. N° 76. Fig. I. Fig. II.

ABCD repréſente l'eſcarpe d'un foſſé ; CD eſt ſuppoſé le cordon ; ſur ce cordon on ſubſtituë à la place des Parapets ordinaires d'autres Parapets 1, 2, 3, 4, qui peuvent s'élever & s'abattre, de ſorte que le front d'une Fortification ſe trouveroit revétu d'un Parapet conſtruit par parties, dont chacune, comme EFGH eſt compoſée de pluſieurs Madriers fort épais & recouverts de lames de fer. Sur un des longs côtés de ce rectangle eſt pratiqué un Arbre IL garni de trois pointes de fer. Cet Arbre tient au Parapet par deux pitons tels que N, qui ſont ſolidement attachés à l'épaiſſeur de ce même Parapet, de maniére qu'il peut tourner ſur les points I, L.

Le long des petits côtés EH, FG, ſont pratiqués des pieux PG, EH, armés de pointes de fer : ils ſont aſſujétis par d'autres pitons R, G, dans leſquels ils peuvent ſe mouvoir horiſontalement.

Chaque portion de Parapet étant ainſi conſtruite, voici comme on les appliquera. On fixera les trois pointes de l'Arbre IL dans un parement de pierre, où elles doivent être bien ſcelées ; on pratiquera des trous dans le même parement, dont chacun répondra directement deſſous ſon pieu ; & lorſque l'on voudra faire tenir les Parapets debout, on les élevera ; enſuite on fera couler les deux pieux qui ſont à ſes côtés dans les trous qui leurs répondent ; ces deux pieux le tiendront en cet état comme on

1702. N° 76.

le voit dans la premiére Figure. Quand on voudra les abattre, on retirera les pieux, & le Parapet retombera.

De ſemblables Parapets peuvent ſervir dans les chemins couverts au lieu de traverſes, quoique moins ſurs & moins ſolides. Ils pourroient encore être utiles par-deſſus d'autres Parapets, ou dans des lieux où l'on craint des ſurpriſes, ou enfin pour fermeture dans des endroits de Sorties.

MACHINE

Parapets Tournants

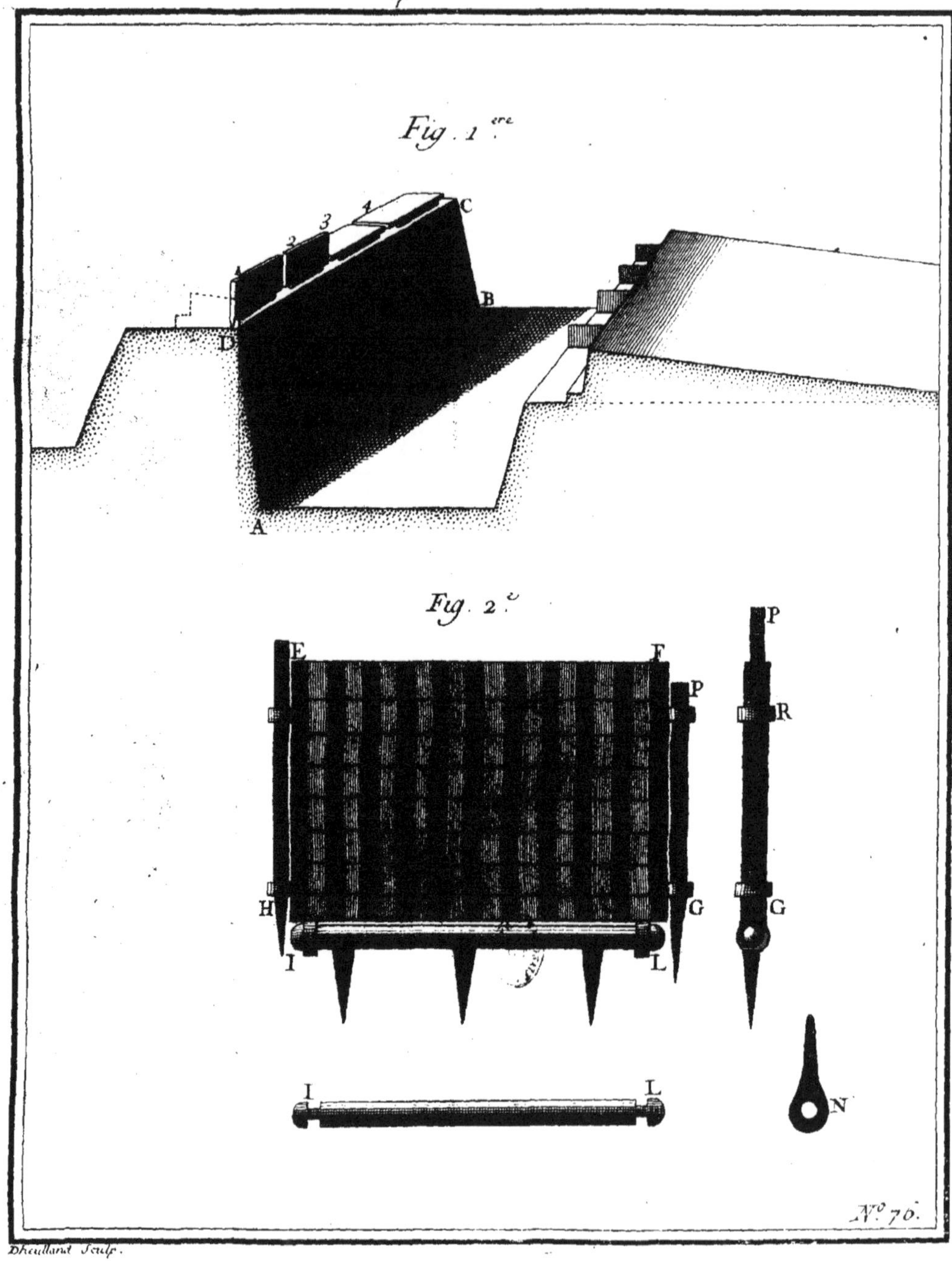

MACHINE
POUR REMONTER LES BATEAUX
INVENTÉE
PAR M. MARTENOT.

1702. N° 77. FIG. I.

CETTE maniére de remonter consiste à reserver à l'arriére du Bateau une chape A, dans laquelle entre l'extrémité d'un brancard A B, qui se peut mouvoir librement autour de la cheville qui l'assemble. Ce brancard doit descendre profondement dans l'eau, & porter une rouë CD qui tourne sur son axe. Aux bords de cette rouë sont fixées des griffes de fer CE, DF, entre lesquelles sont aussi fixées des fourchettes de même matiére, & posées à distance égale l'une de l'autre.

FIG. II.

Sur le derriére du Bateau est pratiquée une seconde rouë verticale G H placée dans le même plan que la premiére; cette seconde rouë est pareillement garnie de fourchettes de fer, & porte à son centre un Treüil I soûtenu par deux montans, dans lesquels ce Treüil peut aisément tourner.

Cette construction étant donnée, en voici la mécanique. 1°. *Il faut passer une chaîne sans fin, dont les maillons s'engagent sur les fourchettes des deux rouës.* 2°. Le brancard de la rouë CD doit être assez long pour traîner dans le fond d'une riviére. 3°. Ce brancard doit se mouvoir librement autour de la cheville qui le tient au Bateau, afin que la rouë traînant dans le fond, elle puisse obéïr aux inégalités du lit de la riviére. Cela posé, on appliquera des

hommes au Treüil I pour le faire tourner, ensemble la
1702. rouë GH, c'est-à-dire, que le Treüil tournant de L en *l*, la
N° 77. rouë tournera dans le même sens, ce qui ne pourra se faire sans que la grande rouë C D, où les maillons de la chaîne se trouvent engagés, ne tourne aussi du même sens, de E en *e*, ou de F en *f*. Cette rouë circulant ainsi, les griffes qu'elle porte, enfonceront successivement dans la vase, & suivant l'Auteur formeront autant de points fixes qui empêcheront le bateau d'obéïr au courant, tandis que l'on continuera d'agir & de tourner le Treüil du sens qui a été dit; mais parce que ces points fixes remonteront toûjours de plus en plus contre le courant, ce mouvement se communiquera au bateau, qui par ce moyen remontera. Mais il y a apparence que ces griffes au lieu de devenir des points fixes, ne feront que labourer; c'est pourquoi cette Machine, comme l'a dit l'Académie, est ingénieuse, mais de peu d'usage.

Machine pour remonter les Batteaux.

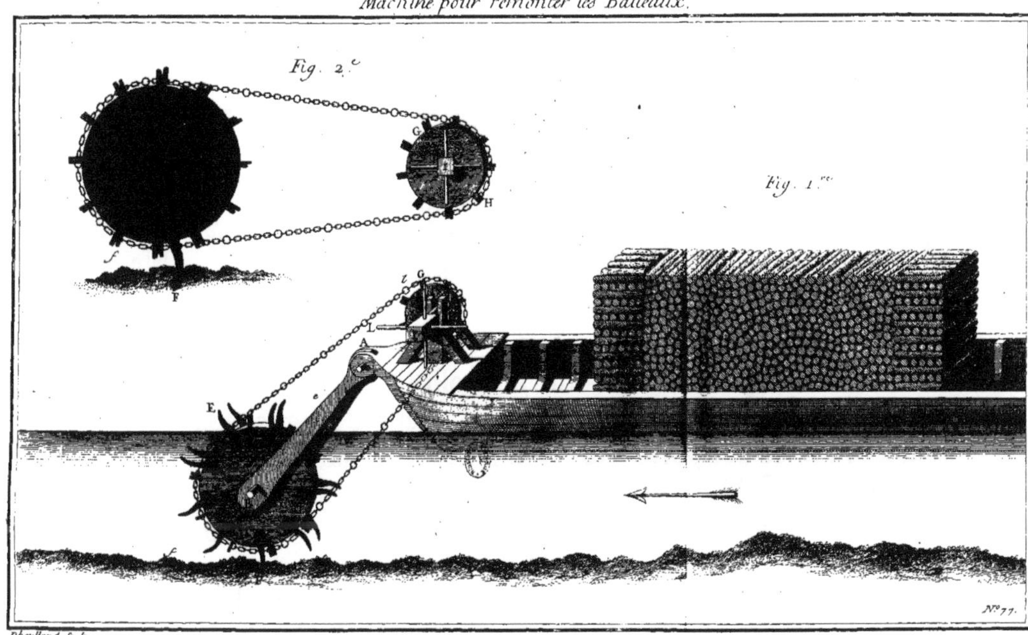

CARABINE BRISÉE

POUR METTRE A L'ARÇON DE LA SELLE,

INVENTÉE

PAR M. DE LA CHAUMETTE.

LA Carabine ABCD se brise en B & en C. La partie AB eſt jointe à la partie BC par une charniére B. La partie CD, qui n'eſt qu'un bout de canon, ſe joint à la Carabine par une monture, de même que les Bayonnetes ſe joignent aux Fuſils ordinaires. Un eſpéce de veroüil à reſſort ſert à unir la croſſe avec le reſte du fût; de maniére que la croſſe en étant dégagée, la partie AB ſe rapporte ſur BC, & CD ſur la même longueur de BC, enſorte que la Carabine entiére n'occupe que le volume E. Si l'on ſuppoſe cette longueur être d'un pied & demi, on aura une Carabine toute montée de quatre pieds & demi. La Platine eſt auſſi briſée; il n'y a que la partie FG de la Platine appliquée ſur la Croſſe qui renferme les reſſorts qui font mouvoir le chien. La noix H eſt à l'ordinaire. Le grand reſſort I eſt en-deſſus, & contient dans ſon intérieur le reſſort de la gachete K; l'autre partie L de la Platine qui porte la batterie eſt appliquée ſur l'autre côté du fût; cette partie ne contient rien de nouveau.

1702.
Nº 78.

La croſſe ſe fixe avec la Platine au canon par le

1702. N° 78.

moyen d'une targette M poussée par un ressort N qui est enfermé dans le fût. Cette targette qui a un biseau P, entre dans une espéce de gâche faite dans l'épaisseur R de la sous-garde, de maniére que l'un & l'autre s'unissent ensemble parfaitement.

Carabine Briseé pour mettre a l'arçon de la selle.

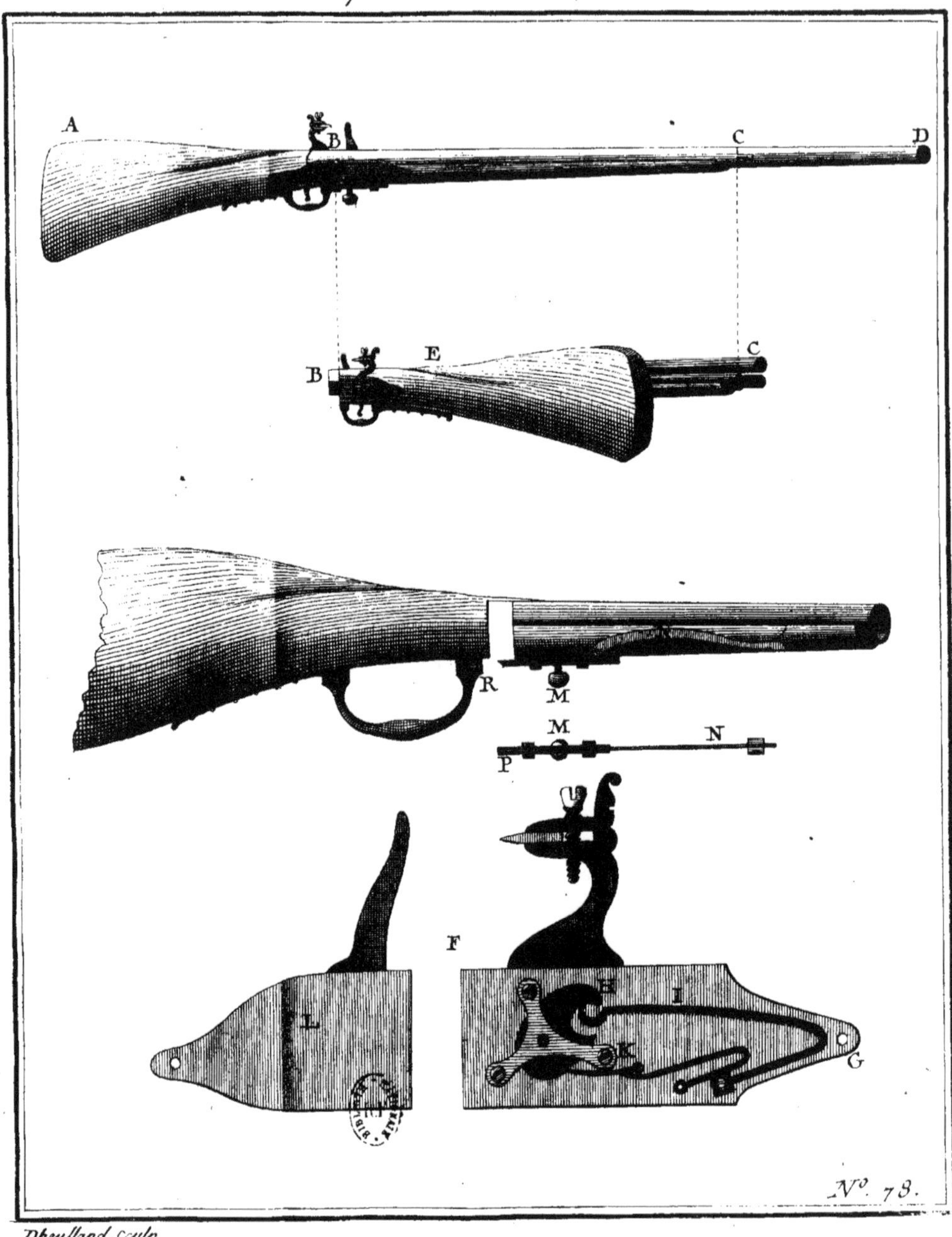

Dheulland Sculp.

EPROUVETTE A POUDRE

PROPOSÉE

PAR M. DU MÉ,

OFFICIER D'ARTILLERIE.

1702. N° 79.

ON sçait qu'il y a des poudres qui font de plus grands effets les unes que les autres. Pour connoître la force des différentes poudres, on pourra se servir d'un tuyau quarré & recourbé, tel que ACDBFGHE, dont le bout CD sera bouché, & l'autre GH sera ouvert; après avoir établi ce tuyau dans une piéce de bois qui lui servira de pied, de maniére que le côté AB soit bien perpendiculaire, on y mettra de l'eau à la hauteur que l'on voudra, après quoi on mettra un pouce cube de poudre dans l'intérieur de la vis M, de maniére qu'elle ne puisse pas tomber dans le tuyau; & après avoir bien fermé cette vis on la chauffera assez pour que la poudre prenne feu, & dilate tout l'air qu'elle contient; cet air qui ne trouve point d'issuë presse l'eau & la chasse hors du tuyau par l'ouverture GH, & la poudre qui en chassera le plus sera sans difficulté la plus forte; & comme chaque rang *NO* contient 100 pouces cubes, l'on pourra dire qu'une *poudre aura chassé* trois ou quatre mille pouces cubes d'eau, plus ou *moins. Par exemple, si on* a rempli le tuyau jusqu'au haut du goulet NNOO, & que l'eau après l'experience ait baissé jusqu'au rang où est marqué *2000*. l'on conclüera qu'un pouce cube de poudre aura *déplacé* 4000 pouces cubes d'eau, parce qu'il en faut *doubler* le

1702. N° 79.

nombre, à cause que ce qui reste d'eau dans le tuyau s'étant remis de niveau aura perdu 2000 pouces cubes de chaque côté.

La régle R S sert à jauger le tuyau après l'effet de la poudre, afin de connoître la quantité d'eau qui a été déplacée.

Eprouvette a Poudre

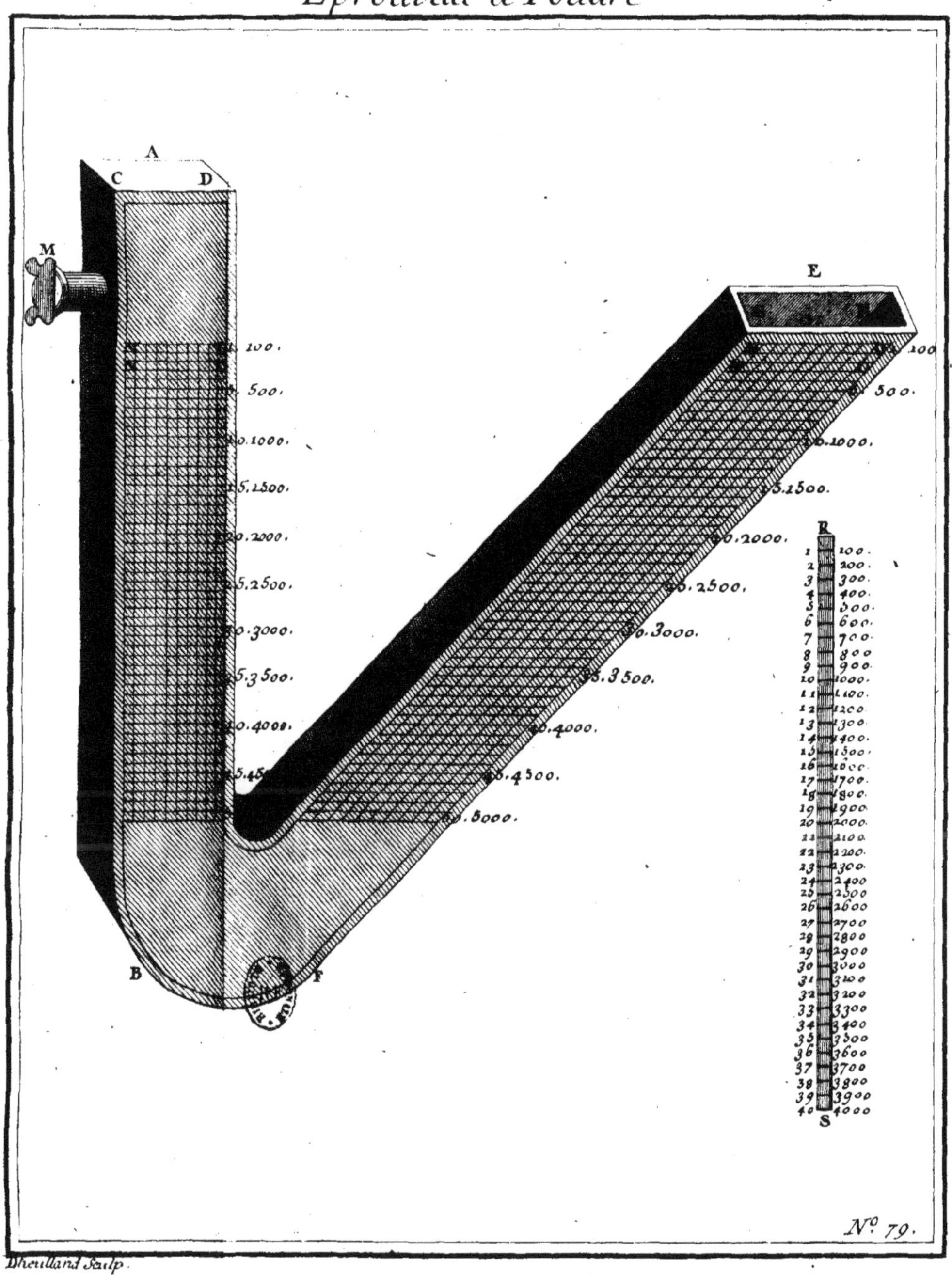

MACHINE

POUR REMONTER LES BATEAUX,

PAR M. DU QUET.

CETTE Machine eſt formée de deux bateaux A, B liés enſemble à leurs extrémités par les traverſes CD, EF; ces deux bateaux étant retenus dans la riviére à un point fixe P. Une roüe à vanes GH poſée entre les bateaux, & dont l'arbre porte ſur les bords des mêmes bateaux, préſente ſes aîles au courant qui la fait tourner; car l'arbre de cette roüe eſt pris par des colets qui lui permettent de tourner librement ſur elle-même. A l'extrémité L de l'arbre eſt fixée une poulie, ſur laquelle paſſe un cable MNO, dont le bout M eſt attaché au bateau chargé, & l'autre bout O tient à un eſpéce de petit batelet dont on expliquera l'uſage. Les colets dans leſquels tourne l'arbre ſont garnis chacun du côté du tirage d'une roulete R, contre laquelle ce même arbre eſt appuyé; ces rouletes ſont pour exclure une partie des frotements, qui par ce moyen deviennent moindres du côté de la charge. Il faudra obſerver que la raînure faite dans l'épaiſſeur de la poulie autour de ſa circonférence, & dans laquelle paſſe le cordage, ſoit coupée en couteau, pour que le cordage s'y engage toûjours, & ne gliſſe point. 1702. Nº 80. FIG. I.

La deuxiéme figure ſert à faire voir les aîles arcboutées les unes aux autres, la maniére dont l'arbre appuye ſur la roulete, & enfin comme quoi le cordage paſſe ſur cette poulie. FIG. II.

Voici la mécanique, ou l'usage de cette Machine.

1702.
N° 80.
Soit le bateau X proposé à remonter; on attachera ce bateau au cable qui passe sur la poulie; à l'autre bout de ce cordage tient le petit batelet bien lesté. On lâchera le frein qui doit retenir la rouë, & elle tournera naturellement par la force que le courant lui imprime. Le grand bateau montera donc nécessairement pendant que le petit descendra. Le bateau étant arrivé à la Machine on arrêtera la rouë, & ce même bateau sera détaché à cet endroit, & attaché à un second agent semblable à celui-ci, fixé à une longueur de cable au-dessus. L'on voit donc que le cordage ne fait que passer sur la poulie sans y faire aucun tour, & que le petit batelet O sert tout ensemble à dévider sur le cable, & à donner à la vane une force de plus : cette force est proportionnée à celle qui est imprimée sur la surface que ce batelet présente au courant en descendant. Pour faire revenir ce batelet à son point de départ, il ne faudra que passer le cable auquel il est attaché sur la poulie, en sens contraire, c'est-à-dire par-dessus, au lieu d'être par-dessous, comme quand il aide à remonter; pour lors retenant l'autre bout qui étoit attaché au grand bateau, il est clair qu'en faisant tourner la vane le batelet remontera, & on tirera à bras le cordage que l'on cüeillera du côté de la poulie, afin qu'il se trouve plus à portée de servir dans un même besoin.

L'on sçait que ces sortes de Machines ne peuvent remonter en voguant que dans les courans rapides, qui sont alors très-favorables pour cette opération. Depuis l'invention de celle-ci Plusieurs ont prétendu remonter un ou deux bateaux à la fois, en se remontans eux-mêmes; à quoi ils ne sont parvenus que dans des espaces bornés par la rapidité du courant, qui dans certains endroits est très-fort, & dans d'autres extrémement lent. Ces inégalités communes à toutes les riviéres, sont causées par les differentes largeurs

largeurs qui se trouvent dans leur étenduë, par les chûtes, & enfin par les sinuosités qui se rencontrent nécessairement dans les Riviéres. Et comme on a des expériences de ce fait, nous les rapporterons dans les Descriptions des Machines de ce genre, qui ont été produites depuis. On peut donc conclure que leur utilité ne s'étend pas jusqu'à voguer, étant chargées d'autres bateaux; mais seulement d'être fixées de distance en distance pour agir successivement l'une l'autre; en ce cas l'on jugera, en comparant celle-ci avec toutes celles qui ont été imaginées, que cette Machine est préférable aux autres, en ce que 1° elle est plus simple, par conséquent coutera moins à construire. 2°. Que la maniére dont passe le cable pour la remonte est aisée; & que la quantité de cordage qui se trouve dans les autres y est supprimée.

1702. N°. 80.

Quoique la dépense pour l'établissement des Bateaux paroisse être considérable, la suppression de celle des Chevaux dans le tirage ordinaire fourniroit un si grand fonds, qu'il y auroit lieu d'espérer un profit très-grand, ce qui peut être examiné par un Devis estimatif fait sur les lieux, après quelques Expériences en grand, & qui ne couteroient pas beaucoup. Ce dernier Article est à peu près le Jugement du R. P. Sebastien Truchet, de MM. Amontons, Jaugeon, Sauveur, & Chazelles, nommés Commissaires par l'Académie pour l'examen de cette Machine; & il est fondé sur des Expériences faites devant les mêmes Commissaires.

Machine pour remonter des Bateaux.

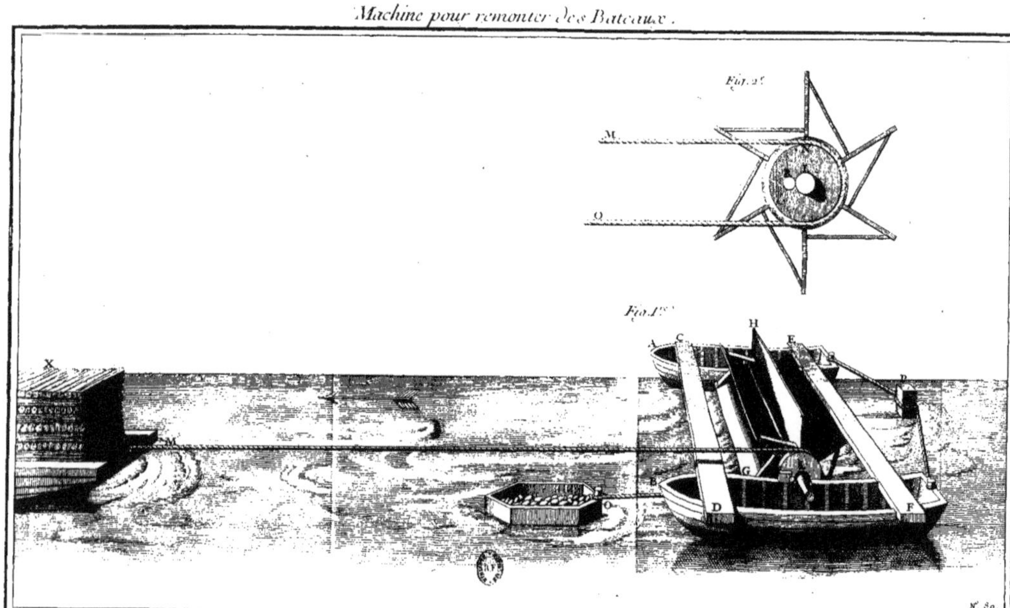

RECUEIL
DES MACHINES
APPROUVÉES
PAR L'ACADÉMIE ROYALE
DES SCIENCES.

ANNÉE 1703.

CRIC CIRCULAIRE

DE M. THOMAS,

DIFFERENT DE CELUI DE 1701.

CETTE Machine est composée d'une rouë dentée D, menée par un simple pignon C, dont l'arbre étant prolongé de part & d'autre porte à ses extrémités les manivelles A, B. Le tambour E F, fixé au centre de la rouë D, est un cone tronqué. Ce tambour porte à l'endroit G un cercle taillé en rochet, qui lui est fermement attaché. Un ressort G I engrene dans le rochet, & empêche que le poids ne retrograde. On a jugé à propos de donner au tambour une figure conique, afin d'augmenter la force plus ou moins, en faisant faire deux tours sur des circonférences plus ou moins grandes, selon la charge du poids.

1703.
N°. 81.

Cette Machine a beaucoup de rapport au *Pancratium* des Anciens, de même que le premier Cric circulaire de M. Thomas. Celui-ci n'en différe qu'en ce qu'il contient moins de rouës, & que la corde se roule en-dessous du tambour; pour lors la direction du poids étant moins oblique, il en résulte un avantage, qui est que la Machine n'étant point chargée en-dessus, les mouvements en deviennent plus doux & plus uniformes. Elle pourroit être d'usage sur un terrain horisontal & solide, surtout dans des endroits où il n'y auroit pas beaucoup de place, ayant égard au peu d'espace qu'elle occupe. Le calcul

1703. N°. 81.

suivant fera connoître quel seroit le poids que l'on pourroit tenir en équilibre avec cette Machine.

ANALOGIE.

Nommant *h* le rayon de la manivelle; *c* celui de la lanterne; *m* le rayon de la rouë dentée; & *n* le rayon du tambour, à l'endroit où la corde est entortillée. Q est égal aux deux puissances appliquées aux manivelles A, B; & P est le poids. On a cette premiére proportion $Q : P :: c \times n : h \times m$. Sur cette proportion on évaluera ce que l'on cherche, en supposant les mesures suivantes. Le pignon $c = 3$ pouces de rayon; le rayon $n = 5$ pouces; celui de la manivelle $h = 6$ pouces; & celui de la rouë D, appellé $m = 18$. Les deux puissances appliquées aux manivelles étant évaluées à 50 livres de force, on aura premiérement Q : P :: 15. 108. & en changeant l'ordre de la proportion, la puissance Q étant égale à 50. on aura cette derniére proportion 15. 108 :: 50 : 360. donc une puissance de 50 livres fera équilibre avec un poids de 360 livres, en faisant abstraction des frotements.

Cric Circulaire.

N. 81.

Marinier Sculp.

APPLICATION
DU CRIC CIRCULAIRE
A UN CHARIOT CHARGE.

SOIT le Chariot A B monté sur quatre rouës à l'ordinaire, excepté l'essieu des rouës CD, dont chaque bout doit entrer quarément dans les moyeux, afin que l'essieu & les rouës puissent tourner toutes ensemble. Le coffre du chariot doit être d'une capacité proportionnée à la grandeur du Cric qu'on y veut renfermer, & des piéces dont il doit être composé. 1703. N°. 82. FIG. I.

Elles consistent en une rouë ou pignon E, dont l'arbre est engagé dans l'épaisseur du plancher inférieur par un bout, & l'autre bout traverse le plancher supérieur pour y recevoir une manivelle F. Ce pignon mene une rouë G, au centre de laquelle est fixé un deuxiéme pignon qui engrene dans une deuxiéme rouë L; sur celle-ci est fixée une rouë de chan M qui engrene dans la lanterne N; cette lanterne étant enarbrée par l'essieu des rouës CD, aussi fixées aux extrémités de cet essieu, elle tournera nécessairement avec ces mêmes rouës. FIG. II.

Le Chariot étant chargé d'un poids Q, l'homme destiné à le faire marcher se placera dessus à côté de la manivelle F qu'il fera tourner, & par conséquent la rouë E qui est dans l'intérieur, & qui lui est fixée; celle-ci fera tourner la rouë suivante G, dont le pignon I mene la deuxiéme rouë L. La rouë L fera tourner la rouë de Voy. FIG. I.

1703. N. 82.

chan M qui lui eſt fixée, & celle-ci fera tourner la lanterne & les rouës D, C, & par conſéquent le Chariot avancera. La force du moteur eſt ici beaucoup augmentée; mais auſſi la lenteur augmente en même raiſon, comme on le pourra voir par le Calcul ſuivant.

CALCUL.

La force appliquée en F eſt à la réſiſtance que fait le le Chariot au mouvement des rouës ſur leſquelles il eſt porté, comme le produit fait du rayon du pignon E, du rayon du pignon I, du rayon de la rouë de chan M, & du rayon de la rouë D, qui eſt une de celles qui porte le Chariot, eſt au produit fait du rayon de la manivelle, du rayon de la rouë G, du rayon de la rouë L, & du rayon de la lanterne N. En nombres, l'on ſuppoſe les deux pignons E, I, chacun de trois pouces de rayon, la rouë de chacun de 10 pouces, la manivelle de 15 pouces auſſi de rayon, & les deux rouës G, L chacune d'un pied; la lanterne N de 4 pouces, & la rouë D de deux pieds. L'on aura cette proportion F | R | | 3×3×10×24 | 15×12×12×4. La régle étant faite on trouvera que la puiſſance eſt à la réſiſtance, comme 1 eſt à 4.

AUTRE

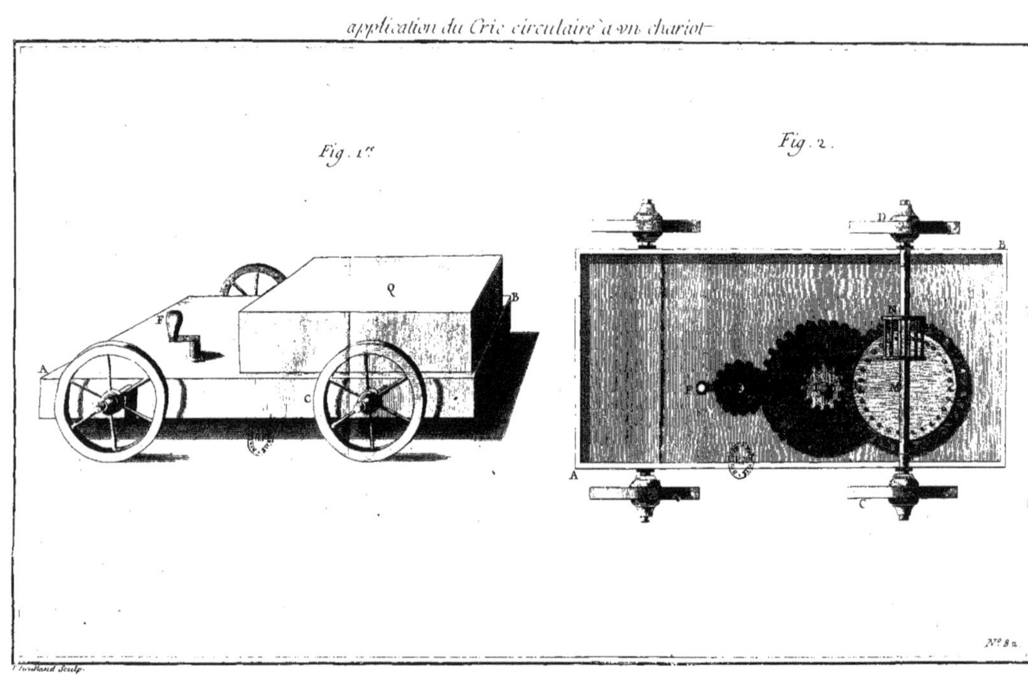
application du Cric circulaire à un chariot
Fig. 1re
Fig. 2.
A
B
C
F
Q
D
N
M
N° 82

AUTRE APPLICATION
DU CRIC CIRCULAIRE
A UNE GRUE OU CHEVRE.

LE Cric précédent se trouve renfermé dans une boëte A B construite à un des côtés de la chevre. Ce Cric est composé premiérement d'un pignon appliqué à l'extrémité du treüil C D, auquel il est attaché fermement; ce pignon engraine dans une roüe E, laquelle est menée par un second pignon F, que l'on fait tourner au moyen de la manivelle M fixée à son centre. Sur le treüil C D roule la corde qui passe dans la moufle. On conçoit très-bien qu'en faisant circuler la manivelle, le pignon mene la roüe, & cette roüe mene la seconde C fixée au treüil.

1703. N°. 83.

FIG. I. & II.

Le Calcul de l'avantage de la Chevre se trouve en plusieurs endroits; il est inutile de le rapporter ici. Si cependant on vouloit sçavoir quelle force il faudroit employer à cette Chevre, pour enlever par son moyen un poids d'une pesanteur connuë, en voici la régle.

Il faudroit connoître le rapport de la puissance au poids, & la considerer comme si elle agissoit directement à la corde de la moufle. On sçait que cette puissance seroit au poids dans la raison de l'unité au double des poulies d'embas. Ensuite cette puissance étant appliquée à la manivelle, elle diminuëra encore, ou il la faudra moindre dans la raiſon du produit des rayons des pignons au pro-

1703. produit des rayons des rouës.

N°. 83. Si au contraire on vouloit ſçavoir quel ſeroit le poids qu'une puiſſance connuë pourroit enlever au moyen de cette Machine, on feroit l'inverſe de ce que l'on vient de dire.

application du Cric à une chevre

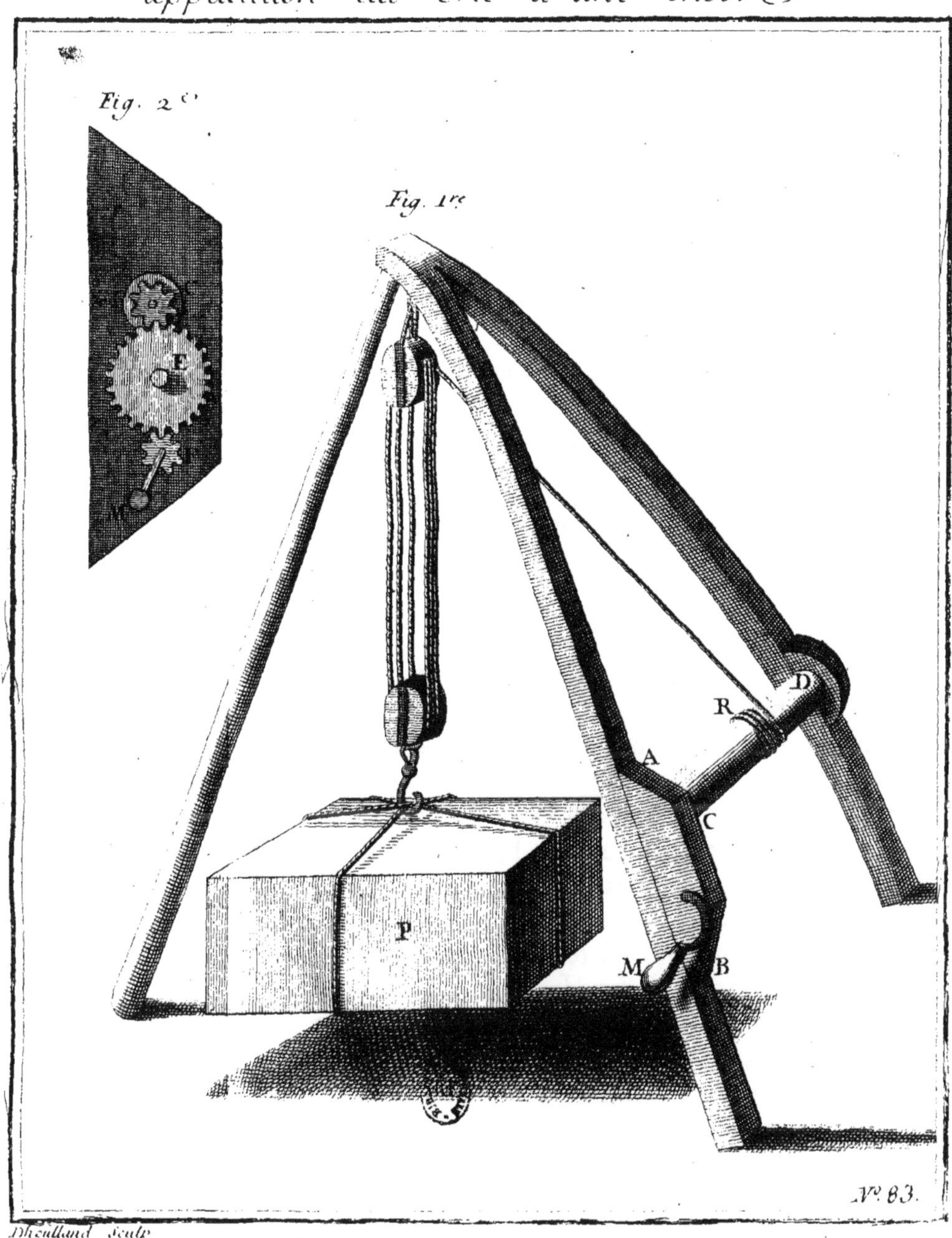

Dhoulland Sculp

CYLINDRE CREUX,

OU

RESSORT A BOUDIN

POUR SUSPENDRE LE CORPS DES CAROSSES,

INVENTÉ

PAR M. THOMAS.

LE Carosse ML est suspendu à l'ordinaire par les quatre points de sa base; mais au-lieu de souspentes de cuir, on substituë ici des Cylindres creux comme EF, qui contiennent des Ressorts à Boudin, tels que CD, sur le même principe que certains pesons. Chaque Cylindre a un anneau G, & une espéce de chape H, mobile dans le tourillon I, qui l'assujetit au ressort; de maniére que l'anneau G est attaché au train du Carosse à l'endroit L, où l'on place les Souspentes; & la boucle H tient aussi au fond du carosse au même endroit M. L'on conçoit l'effet de cette suspension lorsque l'on connoît celui du peson; *c'est-à-dire, que* le Ressort se repliera plus ou moins, en raison de la charge contenuë dans le corps du Carosse.

1703. N°. 84.

FIG. I. FI. II. & III.

Voy. FIG. I.

Il résulteroit de cette suspension un inconvenient qui paroît insurmontable; car au moindre cahot on seroit

1703. N°. 84.

sujet à donner de la tête contre l'imperiale, ce ressort ayant la propriété de tirer fortement de bas en haut, il pourroit faire verser, & se rompre lui-même par les différentes secousses qui seroient plus fréquentes & plus grandes que dans les suspensions ordinaires. Ces défauts, dont l'Auteur est convenu, lui ont fait abandonner l'invention, dont on pourroit cependant faire quelques Expériences.

Ressort a boudin pour suspendre le corps des Carosses.

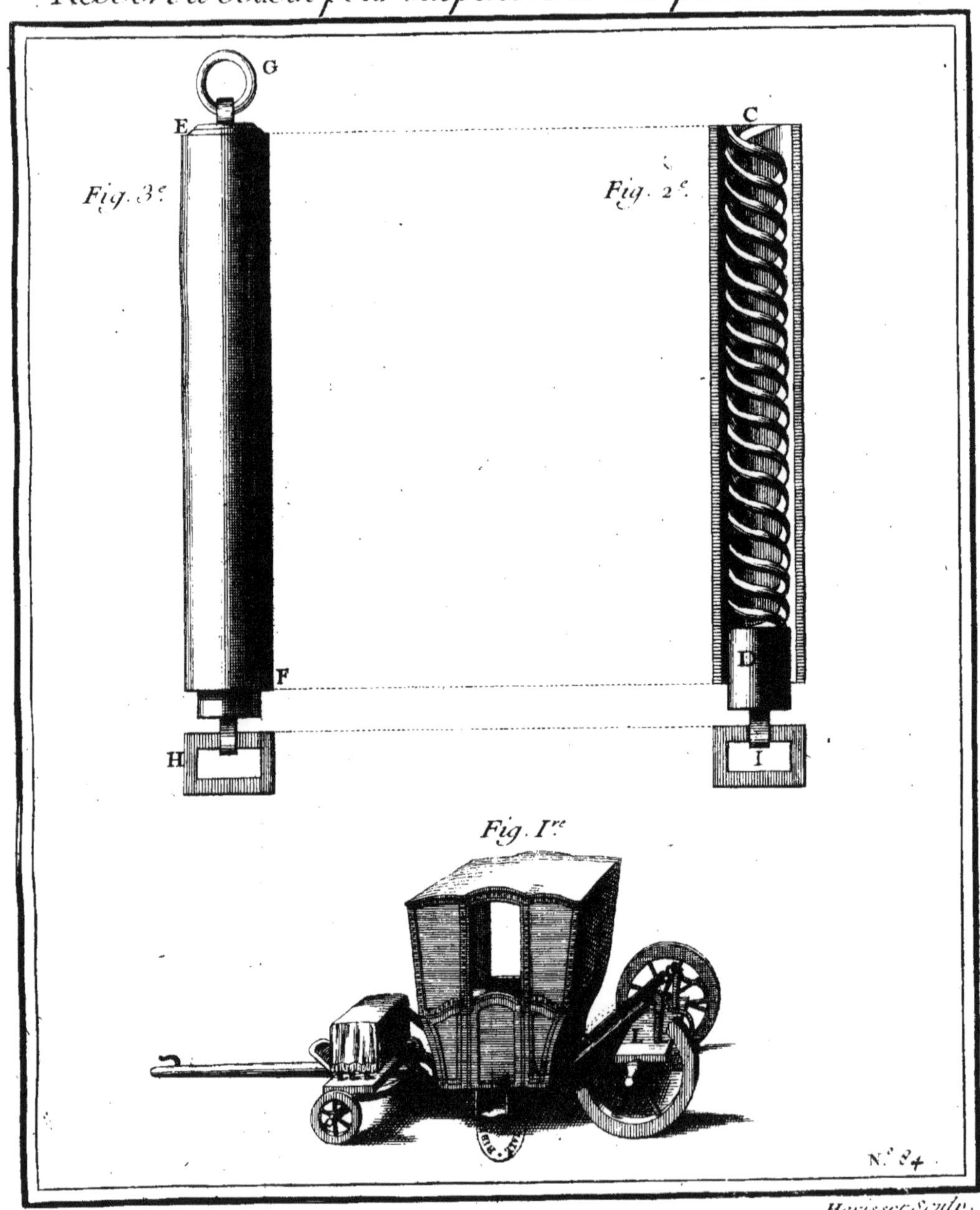

Herisset Sculp.

MANIERE DE FAIRE AGIR DES RAMES, INVENTÉE PAR M. DE CAMUS.

1703. N°. 85. Fig. I. & II.

LA Rame AB est attachée à l'extrémité C d'une manivelle CD; son autre extrémité D est en-dedans du Bateau, & arboute en forme de pivot contre une traverse fixée sur l'étrave du même Bateau. Cette Rame fait sa révolution par le moyen d'un levier EF attaché au point I, ou au point L, à un balancier LON, qui se peut mouvoir autour de son clou O; de maniére qu'en poussant, ou tirant, on fait tourner la manivelle en faisant faire au balancier LN le chemin LP. Le levier EF est aussi mobile sur son point L, de sorte qu'il faut hausser & baisser en poussant & en tirant alternativement l'extrémité F du levier, afin de faciliter le mouvement circulaire de la manivelle E.

La petite traverse QO, attachée sur le banc RS du Bateau, sert à appuyer sur le point O du balancier; au moyen de quoi le balancier LN ne peut se déplacer de dessus son pivot, soit que l'on *hausse ou que l'on baisse le levier.*

La troisiéme Figure représente le Bateau vû par l'étrave, & armé d'une seconde rame TV, semblable à celle que l'on vient de décrire; elle arboute aussi contre la piéce D; & le levier qui la fait mouvoir se cheville à

1703. N°. 85. l'extrémité N du même balancier L N. Cette Figure fait encore voir la ligne de flotaiſon, & le tirant d'eau des Rames.

Les frotemens continuels qui ſe rencontrent dans cette Machine tendent à ſa deſtruction en peu de tems, & à la rendre par conſéquent peu propre pour le ſervice de la mer. Si l'on vouloit ſe ſervir de cette Machine, il ſeroit bon de ſe précautionner de Rames ſimples, celles-ci étant ſujetes à ſe démonter. Cependant les mouvemens ſont aſſez ingénieux, & peuvent donner des idées pour l'appliquer à quelqu'autre choſe où ils pourroient mieux convenir. On pourroit auſſi y appliquer la correction que M. Du Quet a fait à ſes Rames, pour les diriger, tantôt ſur leur plat, & tantôt ſur leur tranchant. *Voyez année* 1699.

Maniere de faire agir des Rames.

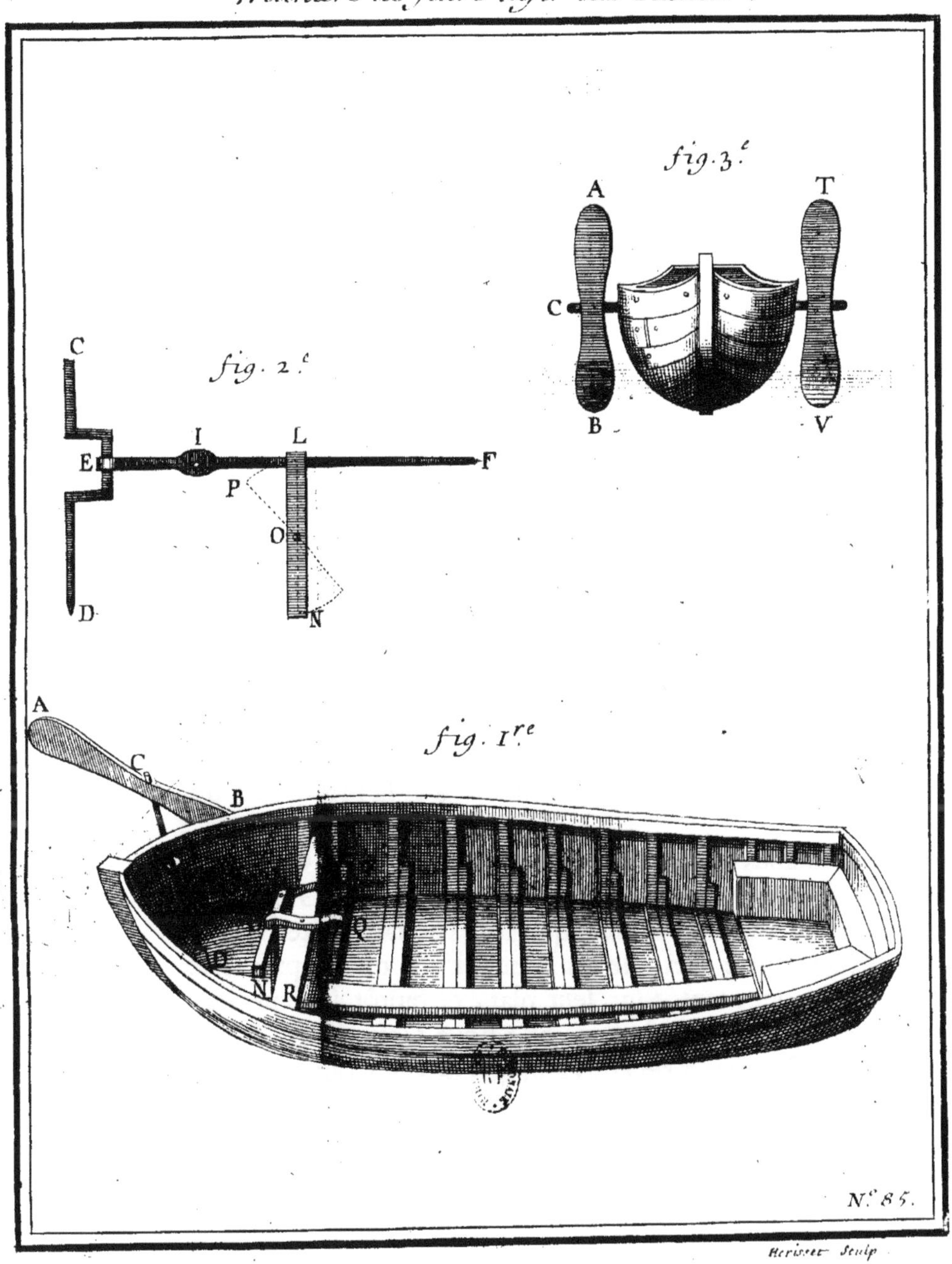

N.° 85.

Herisset Sculp

SECONDE MANIERE
DE FAIRE AGIR DES RAMES,
INVENTÉE
PAR M. DE CAMUS.

1703. N°. 86. Fig. I. & II.

ABCD est supposée une portion de Galere; sur ses bords l'on veut établir les Rames E, F perpendiculaires. chaque tige de ces Rames entre dans un trou fait à chaque extrémité de la piéce GH, mobile le long du bord, au moyen de deux piéces I, L, repliées intérieurement le long du même bord, pour y recevoir une autre piéce MN posée dans le même sens que GH. Aux extrémités de MN sont chevillées deux manivelles MO, NP, mobiles autour des pivots QR; ces manivelles étant poussées de O en T, & de P en V, font avancer la piéce GH de H en Z.

Ces mêmes manivelles étant tirées de T en O, & de V en P, font pareillement revenir cette piéce GH de Z en H. C'est par ce chemin que l'on fait faire alternativement à la piéce GH que les Rames E, F ont la propriété de se tourner, tantôt sur leur plat, & tantôt sur leur tranchant; c'est-à-dire, sur leur plat pour l'impulsion, & sur leur tranchant pour revenir, afin qu'elles ne trouvent aucune résistance après l'impulsion, ce qui fait par la facilité que les Rames E, F, ont à se tourner sur elles-mêmes, quoique suspenduës differemment. 1°. La Rame E a deux

1703. N°. 86.

tiges, dont l'une *a b* traverse un chassis *c d*, dans lequel elle peut tourner; ce chassis est suspendu en *c d*, & peut aller de côté & d'autre. Cette Rame a une autre tige *z y x* qui passe dans un trou *x* de la piéce GH, dans lequel elle peut aussi tourner. La piéce GH étant poussée de *x* en *p*, la Rame qui tourne sur la tige *a b* se trouve sur son plat, & fait son impulsion. Cette même piéce revenant de *p* en *x*, la Rame revient aussi sur son tranchant, telle qu'elle se trouve représentée par cette Figure.

La seconde Rame F n'a qu'une seule tige; sa suspension est au-dessous du bord de la Galére. La tige *mn* est coudée, & passe dans un petit balancier *rs*, au moyen duquel la Rame se peut mouvoir en tous sens, de maniére que la même piéce H parcourant le chemin *xp*, la Rame F se tourne alternativement sur son plat & sur son tranchant ainsi que la Rame E. Il faudroit observer dans l'éxécution de cette Machine, qu'il y eût toûjours une Rame sur son plat, & l'autre sur son tranchant, afin de ne point perdre de tems.

L'établissement d'une telle Machine ne pourroit tout-au-plus avoir lieu que sur les Galéres, & encore faudroit-il se précautionner de Rames simples, comme dans les Rames précédentes; celles-ci étant aussi sujetes à être démontées, soit dans un tems de combat, soit par des coups de mer; ce qui arriveroit d'autant plus souvent, qu'elles se trouveroient sur leur plat.

TROISIE'ME

2.e Maniere de faire agire des Rames.

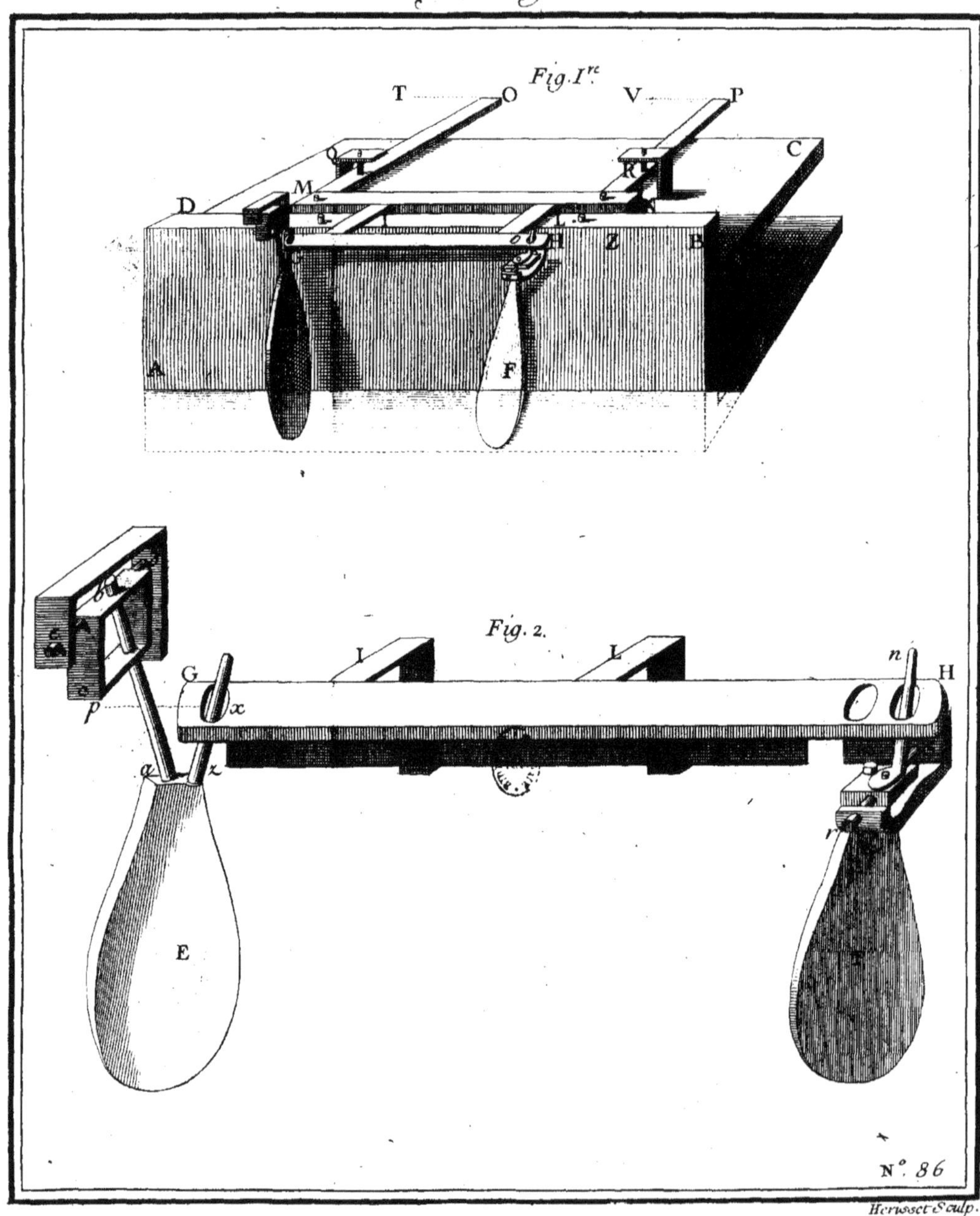

TROISIÉME MANIERE DE FAIRE AGIR DES RAMES,

INVENTÉE

PAR M. DE CAMUS.

CETTE maniére consiste à former dans toute la longueur d'une Galére, & de chaque côté, des chaînes faites de bois ou de fer; ces deux chaînes sont liées de distance en distance par des traverses qui servent à les supporter. 1703. N°. 87. FIG. I.

La premiére Figure ABOM est une portion de Galére, dans laquelle est aussi comprise une portion de la chaîne EFCD. Cette chaîne est liée par les traverses GH, FIG. I. & II IK, qui sont percées d'une mortoise en M & L pour y recevoir les pivots N, O, établis dans le milieu du coursier. Ces pivots sont chevillés dans les mortoises, de maniére que la chaîne se peut hausser & baisser, & peut aussi se mouvoir horisontalement sur les pivots N,O, qui supportent cet assemblage; cette chaîne porte sur ses bords, aux endroits E, F, G, des espéces de lunetes renversées faites de fer, qui servent à assujétir les bouts S, S des Rames. Au milieu de la piéce ED est une mortoise Q, dans laquelle passe une manivelle soûtenuë par ses montans fixés dans le fonds de la Galére; cette manivelle sert à borner par sa révolution le chemin qu'il faut faire faire à la chaîne, & par conséquent aux Rames. A chaque côté

1703. des piéces FG, ED sont des manilles ou manuelles

N°. 87. R,R,R, &c. ausquelles sont appliqués les Hommes destinés à faire marcher la Machine.

La Rame STV a son centre de mouvement en T, & peut par ce moyen tourner autour de ce point. Le mouvement de cette Machine peut être conçû en cette sorte.

Si l'on suppose les puissances appliquées aux manilles R,R, &c. pesant d'un côté quelconque, & poussant de E vers G, il est clair que les Rames appliquées du côté GF s'éleveront pendant que celles du côté opposé DE tremperont, en décrivant dans l'eau le même arc des Rames ordinaires. La manivelle Q en achevant sa révolution déterminera la durée d'un coup de Rame, & empêchera que les puissances ne fassent parcourir à la chaîne plus de chemin qu'il ne faut; ensuite faisant retrograder cette portion de chaîne, c'est-à-dire, les puissances du côté C F agissant sur leurs manilles, de même que les premiéres, elles feront tremper les Rames de ce même côté; & par conséquent celles du côté DE s'éleveront, & ne retremperont qu'après cette bordée.

Les Rames agissant alternativement de chaque côté, c'est-à-dire, une bordée l'une après l'autre, il s'ensuivroit que par la force imprimée à la Galére elle feroit toûjours dirigée obliquement, & n'iroit point en ligne droite, quoique le timonier eût égard à cette direction; car la force qui agiroit alors passeroit l'avantage que l'on pourroit avoir du gouvernail.

L'Auteur pour remedier à cet inconvenient propose de faire des Rames coudées, telles que la Rame XYS, qui ne sortiront point de l'eau: par-là, la Galére n'auroit pas tant de dérive; mais d'un autre côté elle n'iroit point avec tant de force, & ces Rames seroient autant d'obstacles qui s'opposeroient au chemin de cette Machine. On fait abstraction d'autres inconveniens qui résultent de la construction, par rapport aux grands frotements qui se trouvent ici multipliés.

1703.
N°. 87.

3.e Maniere de faire agir des Rames.

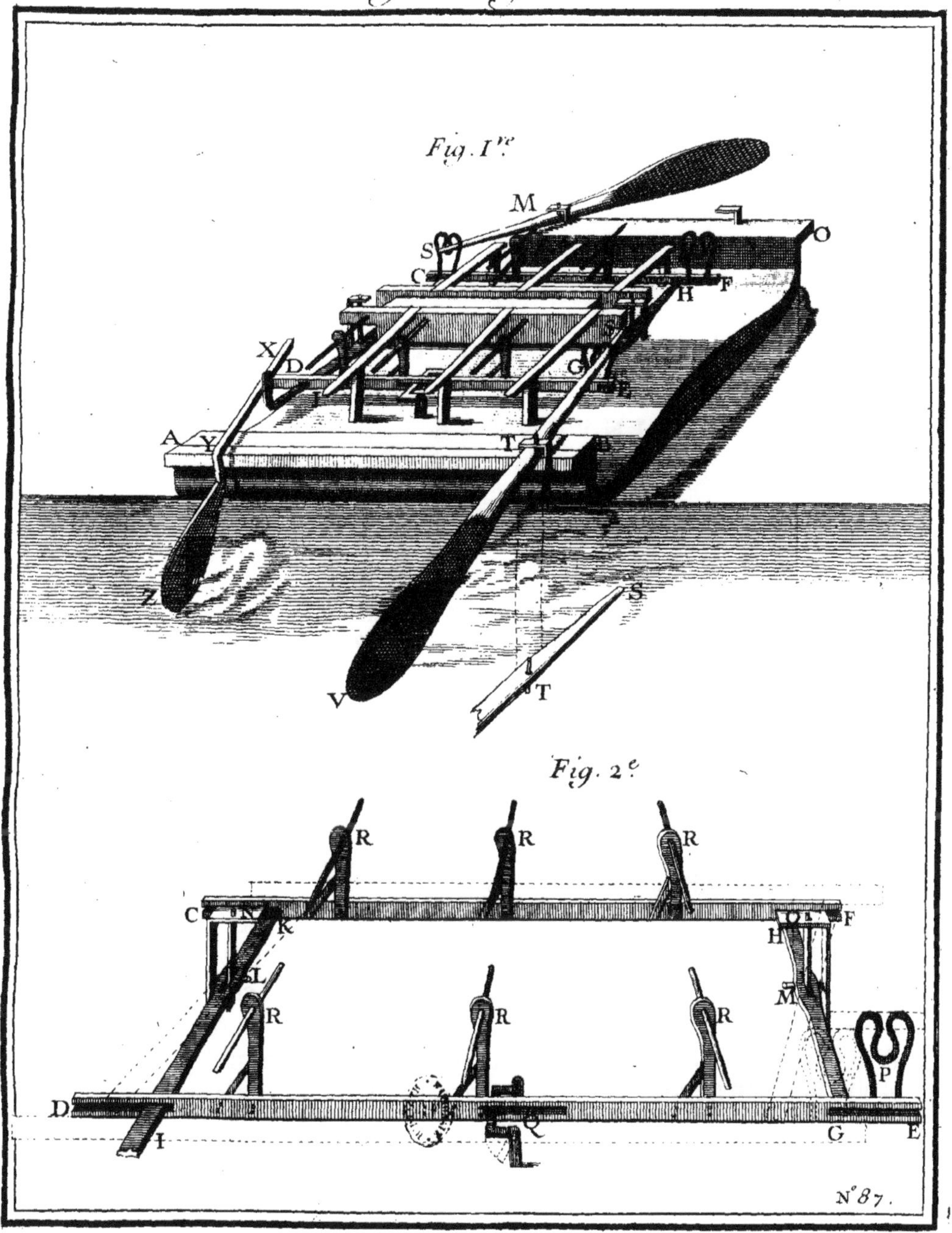

LAMPE
POUR ECLAIRER UNE VILLE
PENDANT LA NUIT,
INVENTÉE
PAR M. FAVRE.

CETTE Lampe est composée de quatre grands bassins paraboloïdes A,B,C,D, posés dessus l'extrémité d'une colomne ou tour placée dans l'endroit le plus éminent d'une Ville; chaque bassin, comme E, a dans le milieu d'un de ses côtés une reserve G qui contient l'huile; au côté opposé est un tuyau pour la conduite de la fumée. Les quatre bassins étant joints ensemble, les quatre conduits de la fumée se réünissent au seul tuyau M, placé au centre de l'assemblage des quatre bassins.

1703. N°. 88.

La réfléction qui se fait dans ces sortes de bassins étant toûjours parallele à l'axe de la parabole, il y auroit lieu de craindre que cette Lampe étant trop élevée, n'éclairât pas, ou du moins très-peu, les endroits inférieurs fort proches de ces Lampes, mais seulement les plus éloignés; ainsi elles conviendroient beaucoup mieux dans une Place publique, où aboutiroient plusieurs ruës, si elle n'étoit élevée dans le centre de cette place qu'à une hauteur

1703. N°. 88. médiocre. Il seroit nécessaire qu'il y eût quelque chose de diaphane au devant de chaque bassin, afin d'empêcher que le grand vent n'éteignît les lumiéres. L'on pourroit peut-être incliner les paraboloïdes en en-bas, ensorte que leurs axes prolongés rencontrassent la terre.

Lampe pour Eclairer une ville

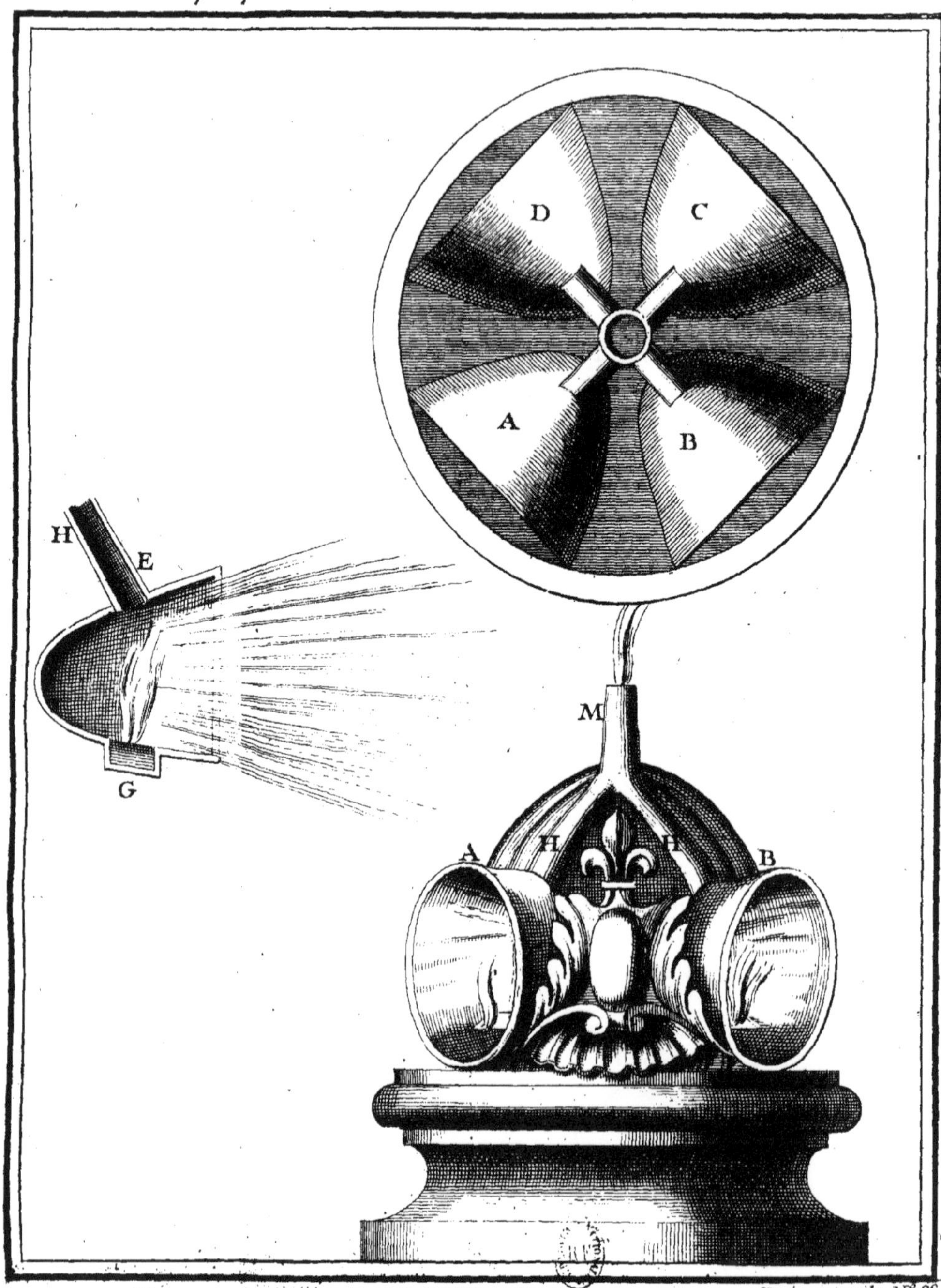

Herisset Sculp. N.° 88.

MANIERE
DE TIRER LES VAISSEAUX A TERRE,
INVENTÉE
PAR M. BLANCHART.

1703. N°. 89. PLANCHE I.

LE Vaisseau A que l'on veut tirer à sec est supposé sur son berceau. On amarera quatre cables aux organeaux B, C, D, E, fixés à la traverse supérieure du berceau; les autres extrémités de ces cables seront étropées aux chapes des quatre grosses poulies F, G, H, I, dans lesquelles passe un gros funin, dont un bout tient à la chape de la poulie K. Ce funin passe premiérement dans la poulie F; ensuite dans une poulie fixée en L, de L en G, de G en M, de M en H, de H en N, de N en I; enfin de I, qui est l'autre bout du funin, il se garnit à l'étrope de la poulie O, entiérement semblable à la poulie K; de maniére que le funin est tiré par les extrémités, au moyen des poulies K, O; & le milieu de ce funin par la poulie M.

Il ne reste donc plus qu'à expliquer comment sont tirées les trois poulies K, M, O.

Premiérement, la *moufle* K a trois rouets, & répond à une semblable poulie fixe P. L'on passe un cordage dans ces deux poulies; ses extrémités passent encore dans les poulies simples Q, R, qui servent à les diriger aux Cabestans S, T où ils sont garnis.

La poulie M est de même tirée par deux autres *a*, *b*,

c'eſt-à-dire, que la poulie *a* répond à une poulie dor-
1703. mante *c*. L'on garnit ces deux poulies de même que les
N°. 89. deux autres P, K; & les extrémités du cordage ſont auſſi dirigées par les deux poulies ſimples *d*, *e* vers les Cabeſtans V, X.

La manœuvre des quatre autres Cabeſtans ſur les poulies *b*, O, eſt ſemblable.

Cette Machine ne différe de celle de M. Du Mé, que dans l'arrangement des Cabeſtans. Cependant celle-ci pourroit être préférable à l'autre, en ce que l'on n'y employe que des Cabeſtans ſimples, qui ſont moins dangereux que les Cabeſtans à lanterne employés dans la maniére de tirer les Vaiſſeaux de M. Du Mé.

On a ajoûté aux Machines précédentes pour tirer les Vaiſſeaux à terre, celle qui eſt en uſage dans la plûpart des Ports, & particuliérement à Breſt.

MACHINE

Machine pour tirer les Vaisseaux a Terre. Planche 1.

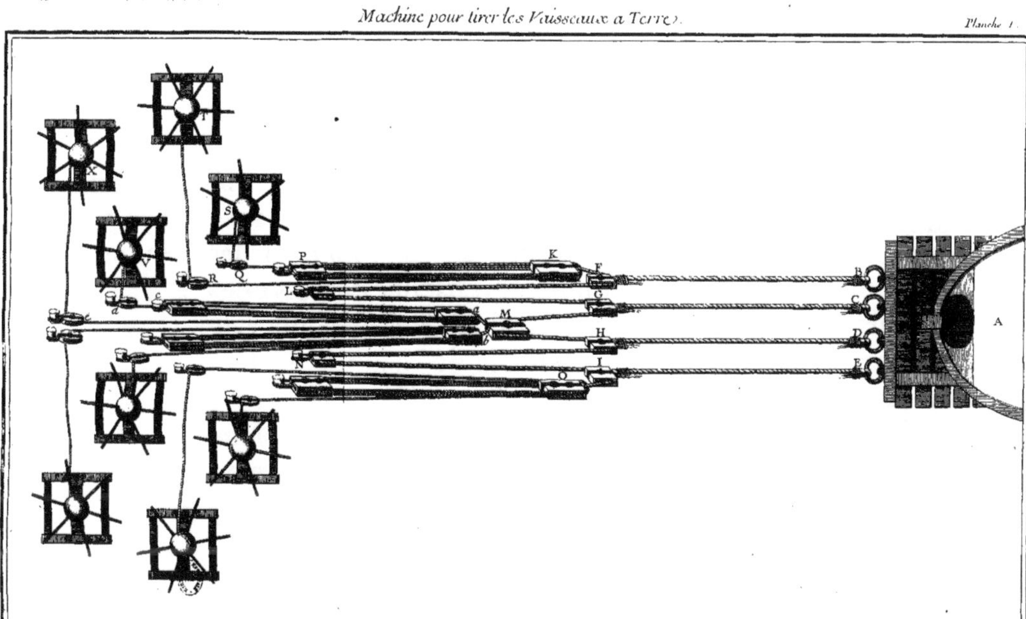

Herisset Sculp.

MACHINE

POUR TIRER LES VAISSEAUX A TERRE, TELLE QU'ELLE EST EN USAGE A BREST.

1703. N°. 90. PLANCHE II.

LE Vaisseau A étant posé sur son berceau CB, construit à la partie inférieure de la cale, l'on fixe à ce berceau la piéce ED, qui contient dans sa longueur les quatre moufles V, X, Y, Z composées chacune de trois poulies assemblées dans des chappes faites dans l'épaisseur de la piéce, qui est sertie aux extrémités de bandes de fer; & dans les intervales que les moufles laissent entr'elles: à ces bandes sont fixés des organeaux de fer. L'autre piéce LM est semblable, & est amarée à la partie supérieure de la cale aux trois points fixes N, O, P. On prend un funin, & on amare un des bouts à un des organeaux des moufles; ensuite l'on fait passer l'autre bout dans les moufles; & comme elles sont ici au nombre de quatre dans chaque piéce, l'on fixe aussi les quatre Cabestans S, T, Q, R, ausquels sont garnis les funins. Deux autres Cabestans I, G servent à recevoir les cordages GFE, IHD dirigés par les poulies H, F; ces cordages sont pour entretenir toûjours le berceau dans sa même direction. La partie de la cale sur laquelle le berceau porte doit être garnie de suif. Les choses étant ainsi préparées, on applique des Hommes aux Cabestans, qui les font tourner & remontent le Vaisseau, comme

dans les Machines précédentes. L'Analogie ſuivante don-
1703. nera le calcul de l'avantage de cette Machine ; & ce cal-
N°. 90. cul pourra ſervir de régle pour toutes celles de ce genre.

CALCUL.

L'on ſçait que les poulies mouflées augmentent la force en raiſon de l'unité au double des poulies mobiles. Nous calculerons donc une ſeule moufle appliquée à ſon Cabeſtan; après quoi nous réünirons les quatre avec l'effort des deux autres Cabeſtans qui ſervent à la direction du berceau.

Chaque moufle étant compoſée de trois poulies mobiles, il s'enſuivra par ce que l'on vient de dire, que ſi la puiſſance agiſſoit directement au cordage, cette puiſſance ſeroit au poids, comme 1 eſt à 6; mais le cordage étant garni au Cabeſtan, & la puiſſance placée à l'extrémité de la barre ou levier, la force augmentera en raiſon du rayon du Cabeſtan, à la longueur du même levier. Mais comme on applique pluſieurs Hommes ſur une ſeule barre, & que nous ſuppoſerons au nombre de 6, nous calculerons les differents leviers de chacun, par rapport à leur poſition. De plus, le poids étant tiré ſur un plan incliné par une direction parallele au plan, la peſanteur de ce poids diminuera, ou l'effort de la puiſſance augmentera encore dans la raiſon de la hauteur du plan à ſa longueur.

APPLICATION.

L'on ſuppoſe chaque levier de 12 pieds de long, c'eſt-à-dire, depuis le centre du Cabeſtan juſqu'à l'extrémité de la barre. Le corps du Cabeſtan ſera d'un pied de diametre, ou 6 pouces de rayon. L'effort de chaque Homme de 25 livres, nous aurons d'abord cette proportion pour la premiére puiſſance. 6 pouces rayon du Cabeſtan, eſt à 144 pouces longueur de la barre ou levier; comme 25 force de la premiére puissance est à 599, résistance que la puissance est capable de tenir en équilibre par le moyen du Cabestan seul. Mais la force de cette puissance se trouvant augmentée par la moufle, on aura cette seconde proportion 1. 6 : : 599 : 3594, donc une puissance de 25 livres à l'extrémité du levier, feroit équilibre avec une résistance de 3594. Voilà pour la premiére puissance. 1703. N°. 90.

La seconde puissance étant appliquée à 11 pieds du centre du Cabestan, qui reduit en pouces font 132. on aura cette seconde proportion 6. 132 : : 25. 549. La seconde proportion sera 1 : 6 : : 549 : 3294. donc 25 livres feront équilibre avec 3294.

La troisiéme puissance appliquée à 10 pieds, ou 120 pouces, on aura 6 : 120 : : 25. 499. La seconde proportion est 1 : 6 : 499 : 2994.

Quatriéme puissance à 9 p. de distance. 6 : 108 : : 25 : 449, la seconde proportion est : 1 : 6 : : 449 2694.

Cinquiéme puissance à 8 pieds 6 : 96 : : 25 : 383. & pour la seconde proportion 1 : 6 : : 383 : 2298.

Enfin la sixiéme puissance étant à 7 pieds, ou 84 pouces, on aura 6 : 84 : : 25. 166. & la seconde proportion donnera 1 : 6 : : 166 : 996.

En rassemblant tous les derniers termes des secondes proportions en un seul terme, on aura 15870 pour la force imprimée à une des barres. Les Cabestans ordinaires étant à 6, ou à 8 barres, & ceux-ci n'étant que de six, on aura six fois cette quantité pour les 36 Hommes qui sont à chaque Cabestan, c'est-à-dire, que 36 Hommes feroient équilibre avec une résistance de 95220. donc les quatre Cabestans ensemble feroient équilibre avec le quadruple de cette somme, qui est 380880. auquel poids il faut ajoûter l'effort des deux Cabestans qui servent aux directions du berceau. Cet effort n'est point augmenté par des moufles; il suffira donc de prendre les derniers termes des prémiéres proportions de chaque Analogie, qui avec

1703. N° 90. l'effort des autres Cabestans font 412620; & comme le fardeau est tiré sur un plan incliné par une direction parallele au même plan, il s'ensuivra que la puissance sera au poids, comme la hauteur de ce plan est à sa longueur. Or ce plan étant supposé être de 300 pieds sur 12 de hauteur, on aura la solution suivante. 12 : 300 :: 412620 : 10315500. Ce dernier terme est la résistance capable de faire équilibre avec l'effort des 216 Hommes appliqués à la Machine.

On auroit pû faire cette Analogie avec moins de calcul, en prenant seulement pour levier des Cabestans, le milieu de la place que les Hommes occupent. Mais j'ai crû qu'il seroit mieux de calculer ces differents leviers l'un après l'autre.

Les Machines précédentes m'ont engagé à y joindre celle-ci, qui est en usage à Brest, afin que l'on pût être en état de juger par celle-ci de la bonté & du succès des autres en les comparant.

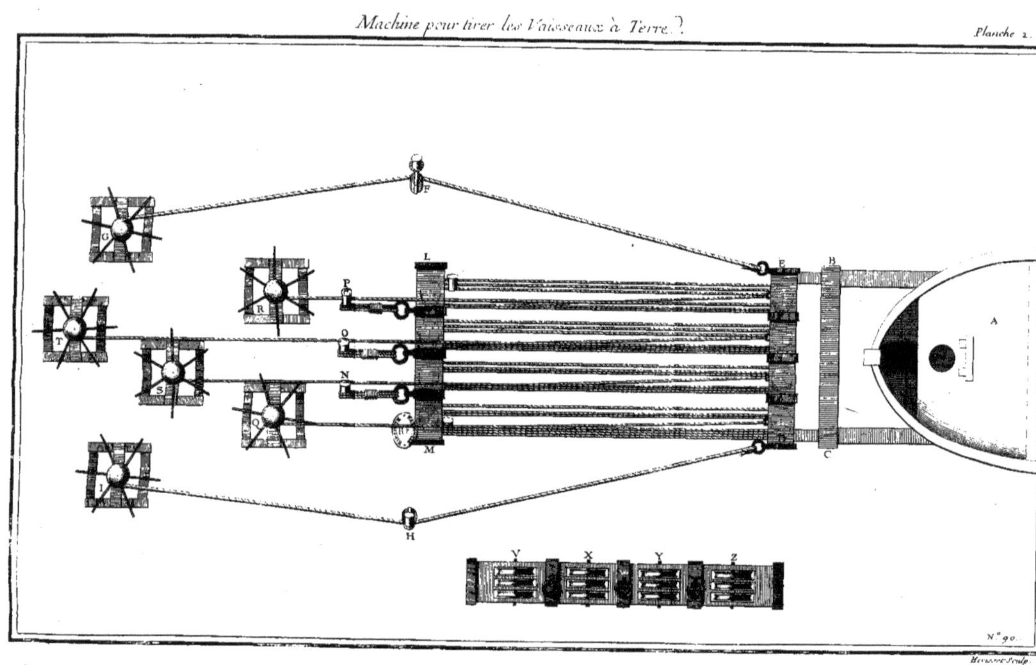
Machine pour tirer les Vaisseaux à Terre.
Planche 2.
A
B
C
D
E
F
G
H
I
L
M
N
O
P
Q
R
S
T
V
X
Y
Z
N° 90.

MACHINE
POUR PORTER DES BOULETS ROUGES DEPUIS LA FOURNAISE JUSQU'A LA BOUCHE DU CANON, INVENTÉE PAR M. BEDAUT.

A est une fournaise placée dans une batterie, devant laquelle est une grande tenaille BDE, qui porte à sa charniére un pivot qui entre à l'extrémité du col d'une espéce de gruë FGH entée sur un fort billot I, qui peut être facilement transporté au moyen de quatre rouës. 1703. N°. 91. Fig. I.

Une des serres LMNO de cette tenaille est recourbée par le bout LM, & pliée imperceptiblement en goûtiére jusqu'à son plat, sur lequel l'autre serre QNP peut approcher & serrer le boulet lorsqu'il est entré dans l'autre branche; chaque branche de la tenaille est ouverte dans son épaisseur, & suivant sa longueur, & contient un coulant RS de fer; ce coulant est tiré par deux cordes TV, TX, qui se roulent en sens contraire sur le petit treüil H adapté à la gruë; de maniére que lorsque l'on veut transporter un boulet de la fournaise A à la bouche du canon Z, on fait d'abord entrer le boület dans la goûtiére B; ensuite l'on Fig. II. Voy. Fig. I.

1703. N°. 91.

tourne le treüil, & le coulant en montant vers E ſerre les deux branches de la tenaille, enſemble le boulet qu'elle contient; après quoi on fait tourner la gruë ſur ſon pivot G, en tirant ſur les cordes Y; & comme cette gruë, outre ſon mouvement horiſontal, peut encore ſe mouvoir verticalement, faiſant charniére au deſſus de ſon pivot, on pourra facilement ajuſter le bout de la goûtiére à l'embouchure du canon; alors ſi l'on tourne le treüil d'un ſens contraire au précédent, le coulant qui avoit monté redeſcend; & en écartant les branches de la tenaille, le boulet qui devient libre roule le long de la goûtiére, qui le conduit directement dans l'ame du canon.

Il eſt clair que cette Machine eſt beaucoup plus ſûre que les tenailles ſimples dont on ſe ſert pour le tranſport des boulets rouges; mais outre que cette manœuvre demande un tems plus long que celui que l'on employe ordinairement avec les tenailles ſimples. Cette Machine devient par elle-même embarraſſante, quoiqu'aiſée à être tranſportée.

Machine pour porter les Boulets rouges depuis la fournaise jusqu'à la bouche du Canon.

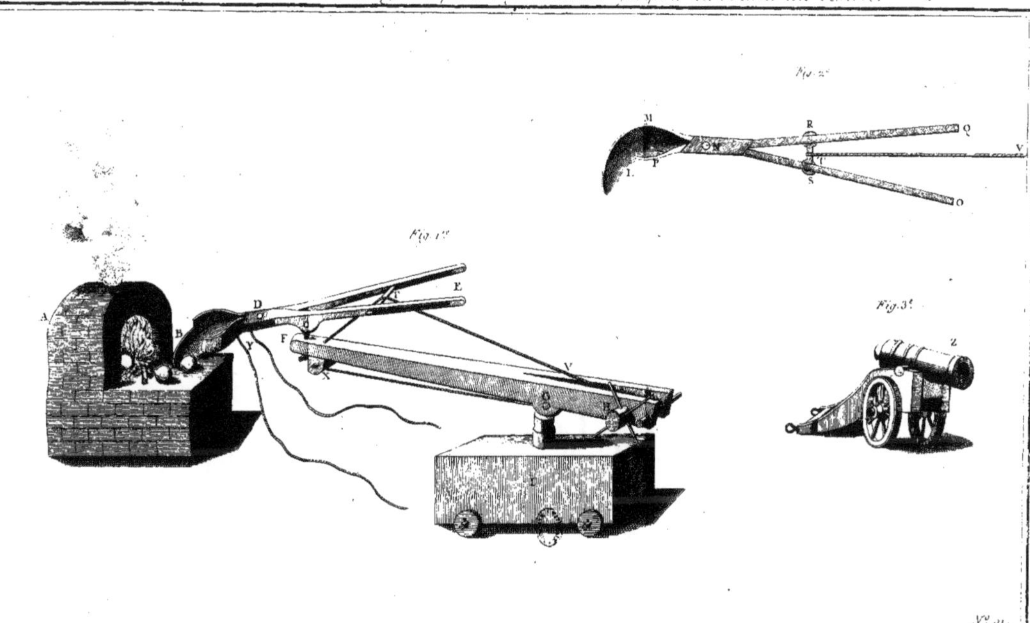

MACHINE

POUR NETTOYER LES PORTS,

INVENTÉE

PAR M. GOUFFÉ,

1703. N°. 92. Fig. I.

CETTE Machine est composée de deux treüils AB, CD, assujétis à un bâtis EF fixé sur une plateforme G, dont chaque côté G, H, est porté sur le bord d'un bateau supposé IL.

Une mâchoire MN dont le manche OP passe dans deux mortoises R, S entre les treüils, sert, au moyen de ces deux treüils, à recüeillir dans le fond de la Mer; chaque côté M de la mâchoire est garni d'une dent T, à laquelle tient un brin de corde TV. Les deux brins des deux côtés se réünissent en un seul à l'endroit V, qui va se rouler sur le treüil supérieur AB. Sur les mêmes côtés des mâchoires sont attachées des barres de fer XY un peu courbées; leurs extrémités YY tiennent à deux autres brins de corde, de même que la corde TV, c'est-à-dire, que les deux brins YZ, YZ, se joignent en Z, ensuite se roulent sur le treüil inférieur CD. L'usage de ce dernier est de fermer les mâchoires *lorsqu'elles sont descenduës*, au-lieu que le treüil supérieur sert au contraire à les ouvrir quand on les descend.

Si l'on veut se servir de cette Machine, soit pour curer un port, soit pour repêcher quelque chose au fonds de la

1704. N°. 92. Mer, la Machine étant placée au-dessus de l'endroit proposé, on fera premiérement descendre la mâchoire en lâchant tous les treüils, cette Machine descendra toûjours verticalement, son manche étant dirigé par les mortoises R, S, dans lesquelles il peut se mouvoir librement. Lorsque la mâchoire sera descenduë, on fera tourner le treüil supérieur AB, qui l'ouvrira en tirant sur la corde TTV,
Fi.II.& III. & alors la mâchoire sera telle qu'elle est représentée Fig. 2. si ensuite l'on veut refermer les mâchoires, on fera tourner le deuxiéme treüil CD, qui en élevant les barres YX, YX, au moyen des cordes YZ, qui sont attachées à leur extrémités, rapprochera les extrémités inférieures, ou les dents de la mâchoire, qui par-là se trouvera serrée comme elle est représentée par la troisiéme Figure.

C'est ce même cordage garni au treüil inférieur CD qui sert aussi à la tirer hors de l'eau; ce qui étant fait on glisse dessous un bateau pour recevoir ce que la mâchoire contient; elle s'ouvre en lachant un peu le treüil CD, & faisant tourner le treüil supérieur AB.

Cette Machine qui par elle-même devient fort lourde, est plus propre à recüeillir des pierres & autres corps solides, que de la vase.

MANIERE

Machine pour nettoyer les Ports.

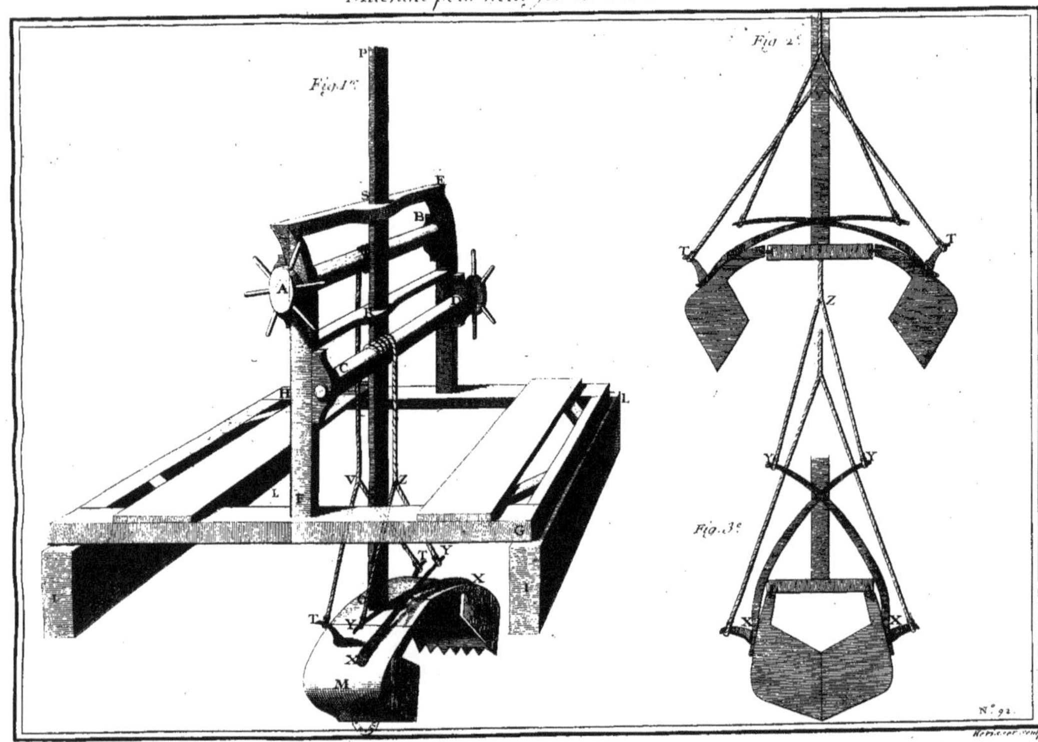

MANIERE
DE REUNIR EN UNE SEULE RAME LES PROPRIETÉS DE PLUSIEURS,
INVENTÉE
PAR M. MARTENOT.

CETTE Rame est formée d'un prisme triangulaire
ABCDE adapté à l'arriére du Vaisseau V. L'arbre 1703.
FGH, fixé au centre de ce prisme, est prolongé jusqu'en N° 93.
I au dessus du couronnement du Vaisseau; la pointe F est supportée par le triangle de fer FON solidement attaché contre les côtés de la quille; les côtés de ce triangle doivent être éloignés, & assez écartés pour laisser le jeu nécessaire au gouvernail placé entre le prisme & le Vaisseau: la partie supérieure du même arbre est pareillement assujétie par les fourchetes G, H, qui permettent au prisme de se mouvoir horisontalement, au moyen de la manivelle LM, aux extrémités de laquelle sont des cordes qui servent à cet usage.

Ce prisme n'est autre chose qu'un secteur de cylindre, dont le côté ABC, doit être moindre qu'un demi-cercle. Le cylindre dans lequel cette section sera faite, doit avoir pour diametre de ses bases la plus grande largeur du

1703. N° 93. Vaiſſeau, ou ce qui eſt le même, doit avoir pour diametre la longueur du maître-bau, & la hauteur doit être égale au tirant d'eau du même Vaiſſeau ; c'eſt-à-dire, que ſi le Vaiſſeau auquel doit ſervir cette rame eſt de 20 pieds de bau, & qu'il tire environ 5 pieds d'eau, on aura un cylindre de 10 pieds de rayon ſur 5 pieds de hauteur, il s'enſuivra que chaque face P R du ſecteur aura 50 pieds quarrés de ſuperficie. De plus les manivelles auſquelles ſont appliquées les puiſſances, étant de part & d'autre de l'arbre ſous-decuples de la longueur de chaque plan opposé P R, & devant par conſéquent avoir dix fois moins de viteſſe, l'eau fera dix fois plus de réſiſtance à ces plans; donc ces 50 pieds quarrés tiendront lieu de 500. Donc cette ſuperficie doit être égale à toutes les rames que l'on pourroit appliquer à un tel Vaiſſeau.

Il eſt aiſé de concevoir que l'impulſion de cette rame ne ſera point interrompuë; ſi l'on imagine la faire mouvoir de droite à gauche, & de gauche à droite, pour lors chaque plan ſe préſentera alternativement à l'eau pour s'y appuyer.

On vient de faire voir l'application continuelle de la puiſſance qui cauſe l'accélération. On va montrer que cette accélération ne ſera point ralentie.

La ſeule réſiſtance à craindre eſt de la part de la courbe *STX; le pivot Y étant fixé à l'angle obtus* du ſecteur ou centre du cylindre, & cette courbe étant décrite de l'intervale de YX, ou de YS, il s'enſuivra qu'elle paſſera dans ſa circonvolution ſur toutes les traces de S, ou de X, extrémités des rayons, ſoit qu'elle ſe meuve de X en *x*, ou de S en *s*.

On doit remarquer,

1°. Si le point d'appui étant pris dans l'eau ſucceſſivement aux côtés du Vaiſſeau, ne cauſeroit point à l'avant du même Vaiſſeau de trop grandes ſecouſſes par les impreſſions qu'il recevroit de la part de la rame.

2°. L'application de cette rame, qui ne pourroit tout au plus se faire qu'à des Frégates, causeroit de grandes difficultés; outre qu'elle seroit sujéte à être démontée & emportée par les coups de Mer : il est encore à croire qu'elle empêcheroit les effets du gouvernail, & qu'à moins qu'on ne pût par son moyen gouverner le Vaisseau, elle deviendroit préjudiciable en occasionnant souvent de fausses arrivées.

1703.
N° 93.

Maniere de reunir en une seule Rame les proprietéz de plusieurs.

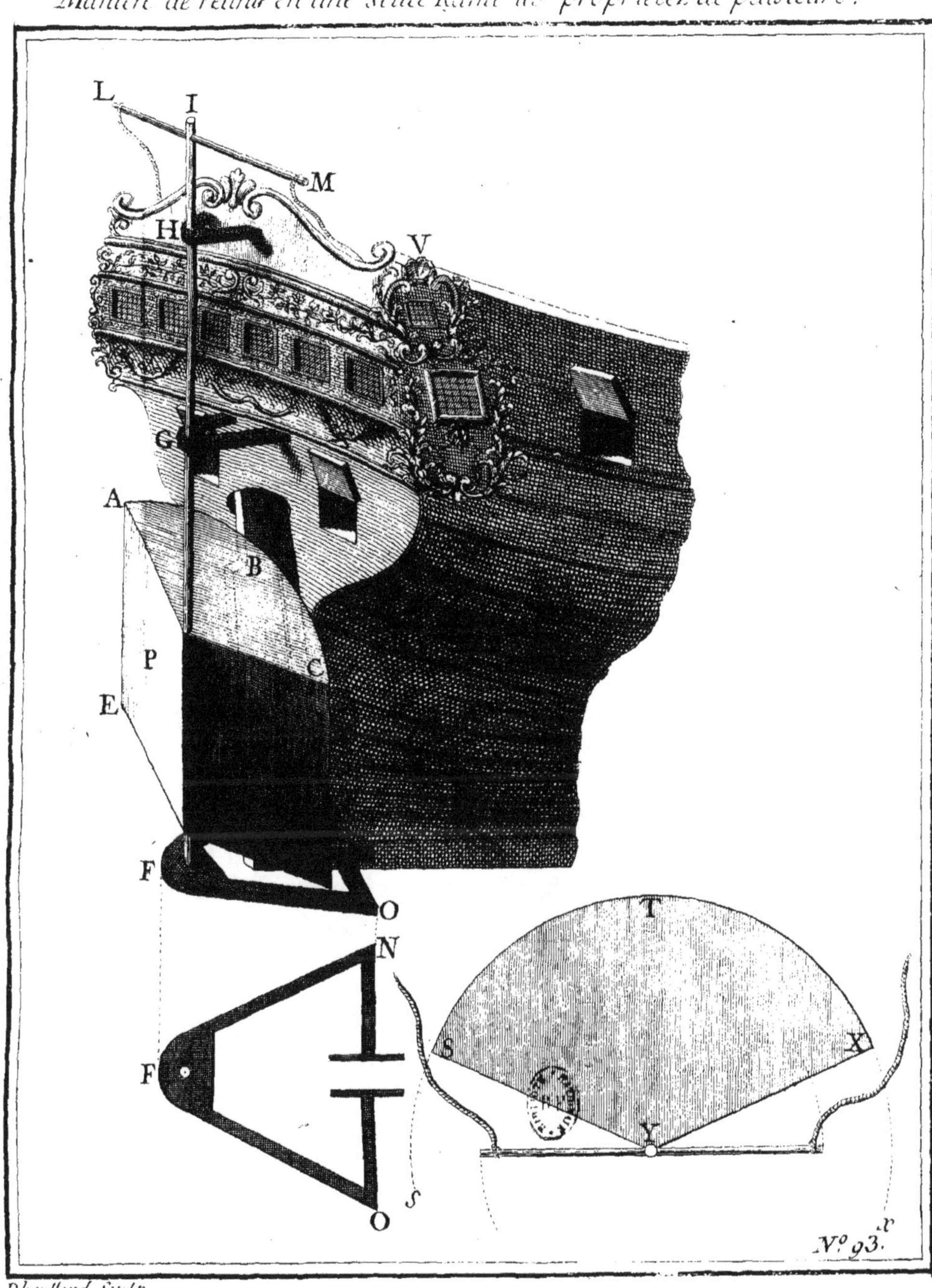

Dheulland Sculp.

MOYEN
DE METTRE UN VAISSEAU SUR LA CALE,
TELLE QU'ELLE EST CONSTRUITE
DANS LE PORT DE TOULON,
INVENTÉ
PAR M. DE LA HIRE.

CE moyen imaginé par M. De La Hire, & décrit dans les Mémoires de l'Académie de l'année 1703. p. 299. a été ajoûté ici à cause de son grand usage. 1703. N° 94. Fig. I.

Soit la Cale CD faite à l'ordinaire, & garnie de corps morts sur lesquels doit poser le Vaisseau. Il faut qu'il y ait des deux côtés, des fossés R, S, où l'eau soit par-tout de la hauteur de 6 pieds, & assez larges pour y tenir des petits Bâtimens qui ne doivent tirer d'eau, étant autant chargés qu'ils peuvent l'être, que les 6 pieds qui sont dans le fossé.

Le grand Vaisseau AB que l'on veut faire monter sur la Cale ayant été conduit au pied de cette Cale, on placera des deux côtés, deux, ou quatre, ou six petits Bâtimens, tels que E, F; on les remplira d'eau, tant qu'il ne coulent pas à fonds; le nombre des petits Bâtimens nécessaire pour l'opération, sera déterminé par la longueur du Vaisseau proposé.

1703. N° 94. Fig. II.

Ensuite on placera de grands mâts IL, GH, qui traversent la largeur du grand Vaisseau, & qui passent au-delà des plat-bords, pour être soûtenus sur des chevalets placés & arrêtés sur le pont de chaque petit Bâtiment, comme on le voit dans la Figure. On arrêtera bien ferme les mâts au corps du grand Vaisseau, avec des chaînes ou cables, qui le traversent par les batteries d'en-haut & d'en-bas, & qui puissent l'embrasser par dessous, & soient attachés aux mâts. Après quoi on vuidera l'eau contenuë dans les Bâtimens, qui s'éleveront à mesure vers la surface de l'eau, en élevant aussi les mâts qu'ils portent; d'où il s'ensuivra que le grand Vaisseau sera autant élevé que les petits le feront. Dans cet état on fera avancer facilement le grand Vaisseau avec les petits Bâtimens jusqu'à la rencontre de la Cale, sur laquelle il sera monté de la quantité dont il est hors de l'eau; on acorera ce Vaisseau à l'endroit de la Cale où il sera resté, de maniére qu'il ne puisse retomber ou glisser, lorsque les petits Bâtimens ne le soûtiendront plus; ce qui étant fait on rechargera d'eau les petits Bâtimens comme la premiére fois, & on y établira des chevalets plus hauts que les premiers, ensorte qu'il puissent toucher les mâts à l'endroit où ils sont élevés. Si à présent l'on vuide l'eau des petits Bâtimens, il est clair qu'ils s'éleveront encore en soulevant aussi les mâts de la même maniére qu'ils ont fait d'abord, & par conséquent le corps du grand Vaisseau, auquel les mâts sont amarés; alors ce Vaisseau ne portant plus sur la Cale, on le fera sans peine monter vers la partie supérieure; mais il y sera beaucoup plus élevé. On le retiendra encore en cet endroit par le moyen de plusieurs cables qui seront fixés au haut de la Cale.

On voit donc qu'en repetant cette manœuvre autant de fois qu'il sera nécessaire, on pourra faire monter le Vaisseau au haut de la Cale, & le tirer entiérement à sec, pourvû que la quantité de l'eau dont les petits Bâtimens feront remplis, foit au moins égale en volume à celle que le grand Vaiffeau occupe. Or comme il eft aifé d'avoir le déplacement d'eau du Vaiffeau, on aura par ce moyen la grandeur & le nombre des petits Bâtimens qu'il faudra employer pour le faire monter. 1703. N° 94.

La profondeur de 6 pieds que l'on a fuppofée aux foffés qui doivent être aux côtés de la Cale, ne fait pas une mefure générale, cette quantité a été donnée pour avoir une mefure moyenne; car fi l'eau y eft plus profonde, on pourra fe fervir de plus grands Bâtimens pour élever le Vaiffeau; & fi au contraire elle ne pouvoit avoir cette profondeur moyenne, il faudroit alors employer des Bâtimens plus plats de varangues, & en plus grand nombre, c'eft-à-dire, autant que la longueur du Vaiffeau le pourroit permettre.

Il faut remarquer que le Vaiffeau ayant commencé à monter fur la Cale, la partie de l'avant fera plus élevée que celle de l'arriére; & comme il eft important qu'en conduifant ce Vaiffeau, on lui conferve toûjours la même inclinaifon qu'il avoit étant fur la Cale, il faudra que les petits Bâtimens qui feront placés à côté de l'avant, ayent des chevalets plus hauts pour foûtenir les mâts placés à cet endroit, que ceux qui font vers l'arriére. Il feroit auffi très-néceffaire qu'il y eût un berceau fous le Vaiffeau pour le foûtenir, & empêcher qu'il ne fe couchât fur un de fes côtés, ce qui le garantiroit même des accidents qui peuvent lui arriver par fon propre poids.

RECUEIL

Maniere de mettre un Vaisseau sur la Cale.

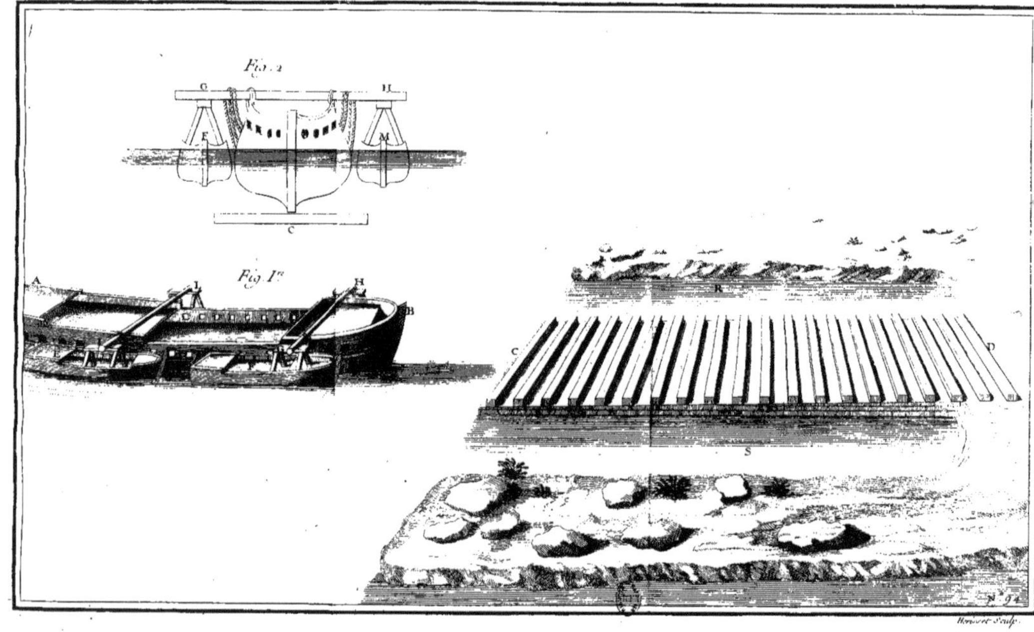

RECUEIL
DES MACHINES
APPROUVÉES
PAR L'ACADÉMIE ROYALE
DES SCIENCES.

ANNÉE 1704.

MACHINE ROULANTE

DONT L'AXE PORTE SUR SES QUATRE FACES

QUATRE RANGÉES DE MOUSQUETS,

INVENTÉE

PAR M. DESTAU.

AB, eſt un priſme quadrangulaire ſupporté par deux grandes rouës qui entrent dans un axe qui traverſe ce priſme dans toute ſa longueur, & ſur lequel le priſme peut tourner, quoique les rouës ſoient arrêtées lorſque l'on eſt arrivé à l'endroit où l'on vouloit être. Cette Machine ſe fixe ſur ſon eſſieu, au moyen d'une emboîture cylindrique T, fixée à chaque extrémité; l'axe TR paſſe auſſi au travers de cette emboîture, pour recevoir le moyeu de la rouë. A l'endroit V eſt un trou que l'on fait répondre préciſément à un ſecond trou qui traverſe l'eſſieu diametralement; de maniére que quand on veut fixer le corps de la Machine ſur ſon eſſieu, pour la conduire en quelque endroit, on met la cheville X dans l'ouverture V, qui unit l'emboîture VT, à l'eſſieu TR, comme on le peut voir en B, il en eſt de même de l'autre côté de la Machine, moyennant quoi elle ſe trouve aſſujétie.

1704. N° 95.

FIG. IV.

FIG. V.

Sur chaque face de ce priſme, eſt une rangée de Mouſquets AGIK, & chaque Mouſquet L, ou O, eſt tenu par des anneaux, ou pitons M, N, ou P, Q, fermement

FIG. V.

1704. N° 95. enfoncés ſur la ſurface de chaque côté ; & lorſque le Mouſquet eſt paſſé dans ces anneaux, pour empêcher qu'il n'en ſorte, on l'attache à l'anneau M ou P par une corde qui tient à la ſous-garde.

Les Mouſquets qui ſont aux autres faces, & qui ſont verticaux dans cette Figure, ſont arrêtés de la même maniére.

Fig. I. II. & V. Par cet arangement de Mouſquets un ſeul Homme en peut tirer deux rangées à la fois, c'eſt-à-dire, la rangée ſupérieure AGIK, & ſon oppoſée inférieure, qui lui eſt parallele, ce qui ſe pratiquera en cette maniére.

Chaque rangée laiſſe dans ſon milieu un intervale ſuffiſant pour qu'un Homme puiſſe y être commodément : pour chaque moitié de rangée de Mouſquets il y a deux poulies 3, 2, dans le même plan que la face IB : à l'extrémité B eſt un point fixe qui excéde la poſition des gachetes, dont la deuxiéme Figure repréſente le plan. Une corde qui d'abord eſt attachée au point 13, & qui paſſe en s'y engageant dans toutes les gachetes 11, 10, 9, 6, enſuite ſur les poulies 2, 3, ſert à faire partir toute la mouſqueterie de cette rangée. L'on voit que ſi cette corde eſt tirée par ſon extrémité F, étant attachée au point fixe 13, elle tend naturellement à ſe mettre dans la ligne droite 13, 2, & par cette tenſion elle tire à la fois toutes les gachetes des Fuſils, dont les reſſorts ne ſont jamais aſſez durs pour faire manquer la décharge, ſi cette corde eſt tirée un peu avec force ; il en eſt ainſi pour l'autre moitié AG de la même rangée.

Quant à la mouſqueterie oppoſée à celle-ci, on fera des chappes coudées pour les poulies 7, 4, parce que la ſous-garde ſe trouvant au-deſſous de la face du priſme, il faut pour le tirage, que les poulies ſoient au niveau des gachetes. Une troiſiéme poulie 5 ſert à diriger le cordon deſſous la poulie 3, afin de raſſembler tous les bouts en

Fig. I. & II. un ſeul, comme F. Les Fuſils étant chargés, on tirera par ſacade le bout F, qui fera partir les deux rangées à la fois, après quoi on fera faire au priſme une demie révolution pour préſenter les deux autres rangées de Mouſquets; dont la décharge ſe fait par la même Mécanique.

Cette Machine ne ſçauroit, 1°. Eſtre ſervie ni menée par un ſeul Homme, tant par rapport à la péſanteur dont elle doit être, que par les difficultés qu'on auroit à la conduire, ſur-tout dans des chemins de détour. 2°. Un Homme ne peut charger 32 Mouſquets qu'il ne ſoit 32 fois autant de tems qu'il employeroit à en charger un ſeul: ce tems ſe trouve triplé dans cette Machine, étant obligé de ſe ſervir de la baguette, au-lieu qu'un Fuſil manié par un Homme ſe charge en donnant un coup de croſſe en terre. 3°. Quand on employeroit quatre Hommes au ſervice de cette Machine, ils auroient encore beaucoup de peine à ſe mettre à l'abri des ſorties, & ſur-tout s'ils étoient embuſqués, on pourroit dire que l'ennemi pour 6 ou 8 coups de Fuſils ſe rendroit maître d'une Mouſqueterie toute entiére.

Cependant dans un défilé deux Machines ſemblables, dont l'une ſeroit plus élevée que l'autre, pourroient défendre le paſſage, & l'on feroit le ſervice de l'une, tandis que l'autre défendroit.

Machine Roulante qui porte plusieurs rangées de Mousquets.

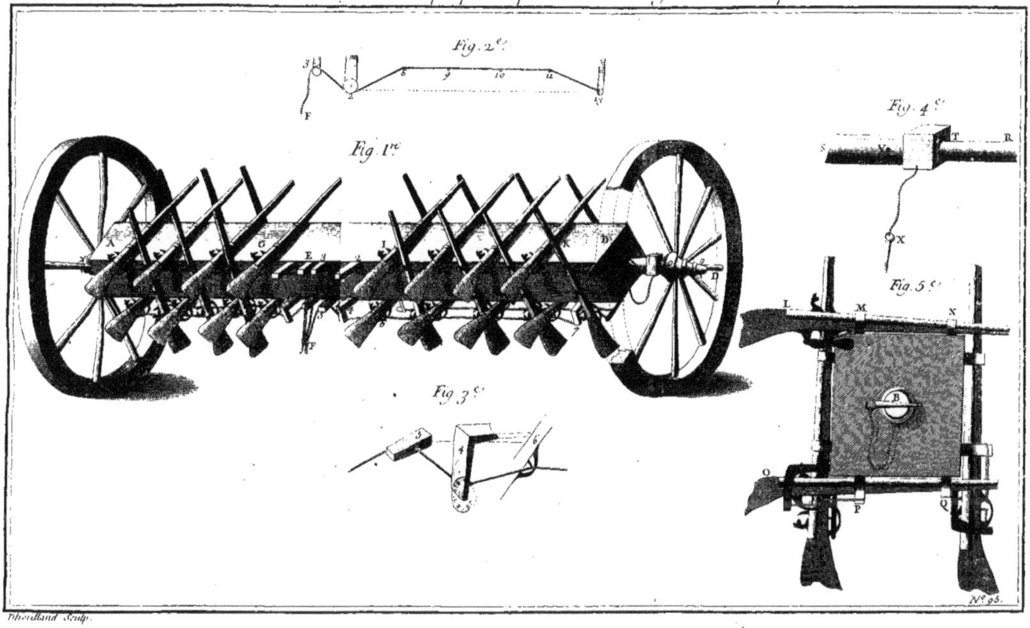

Fig. 2e.

Fig. 1re.

Fig. 4e.

Fig. 5e.

Fig. 3e.

Nº 95.

Pheilland Sculp.

FUSIL

QUI SE CHARGE PAR LA CULASSE, INVENTÉ PAR M. DE LA CHAUMETTE.

LE Fusil AB est à l'ordinaire, & ne contient rien de nouveau que dans la Culasse C, & dans la brisure D; la Culasse C est représentée à peu près de grandeur naturelle par la deuxiéme Figure. EF est une portion de canon prise depuis la Culasse jusqu'à une partie quelconque; cette Culasse est tarodée diametralement dans toute l'épaisseur du métal pour recevoir une vis GH; cette vis tient à la sous-garde HIL, & peut se mouvoir sur elle-même dans une emboîture MN reservée dans l'épaisseur de la monture du canon; de maniére que lorsque l'on veut charger on donne deux ou trois tours de vis, au moyen desquels cette vis se retire dans l'emboîture MN, & laisse un trou OP au-dessus du canon, par où l'on fait d'abord entrer la bale Q, ensuite la poudre; le tout est retenu par l'arrêt de la chambre à l'ordinaire; après quoi on fait remonter la vis en tournant la sous-garde d'un sens contraire, la vis bouche le trou qu'elle avoit laissé sur le canon, & pour lors elle sert de Culasse.

1704. N° 96. FIG. I. & II.

M. De La Chaumette prétend que l'on chargera ce Fusil plus promptement que les autres, & qu'il portera plus loin que les Fusils ordinaires : l'expérience seule en

1704. N° 96. fera *juger*. D'ailleurs ce Fusil ne peut être bon que dans les mains de personnes attentives à le conserver contre la crasse qui se peut introduire dans les pas de la vis lorsqu'on le bouche & le débouche.

Ce Fusil est rompu en D, afin de le rendre plus portatif.

DIGUE

Fusil qui se charge par la Culasse.

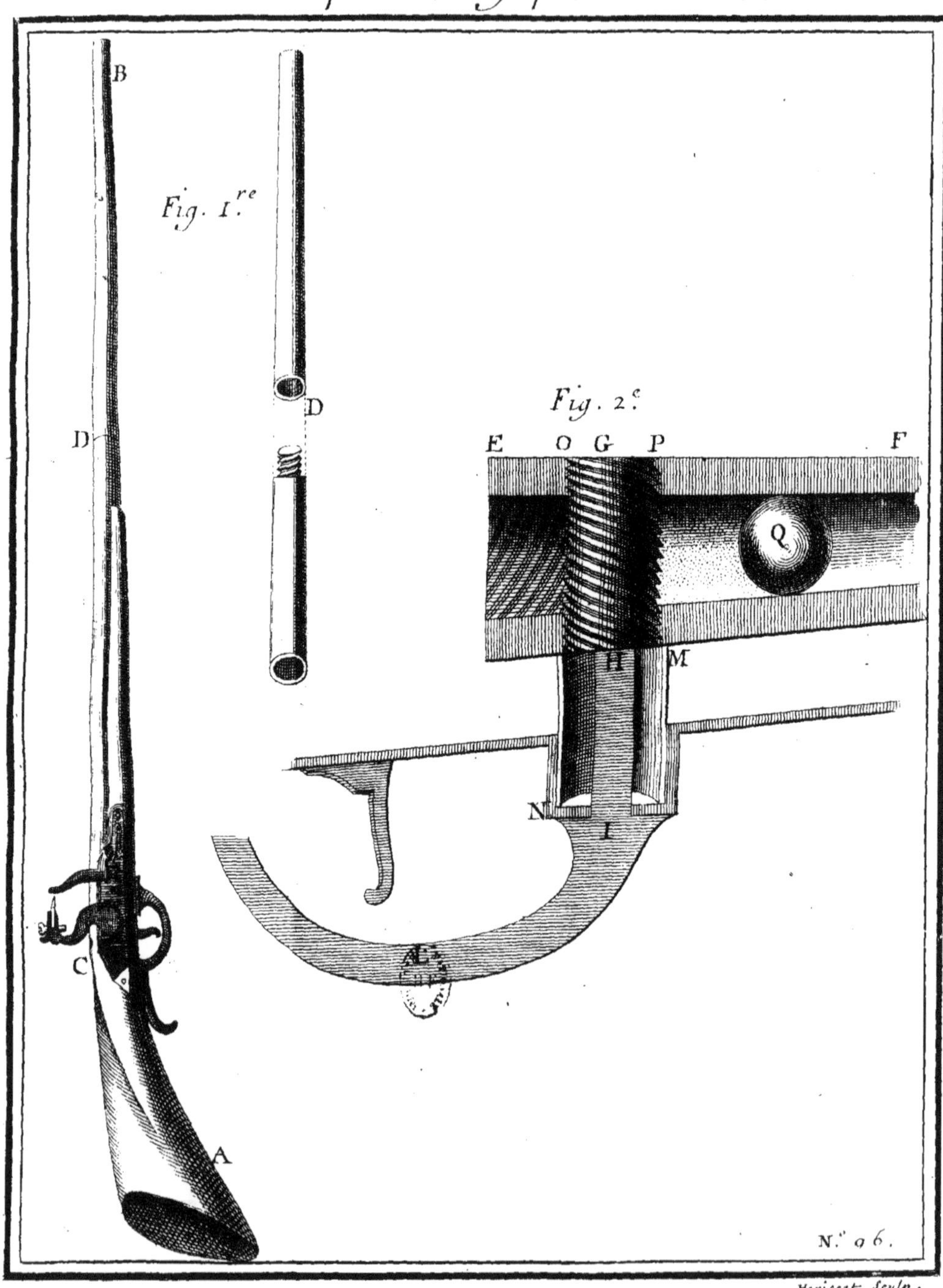

Heriset Sculp.

DIGUE
AVEC SES PORTES,
INVENTÉE
PAR M. BOURGEOIS.

LA partie ABCD d'une Riviére étant destinée à conserver des mâts à flot, on fera pour cet effet une Digue pour retenir l'eau nécessaire; cette Digue sera faite d'un gros mur DE, qui passera les bords du lit de la Riviére de part & d'autre. Ce mur qui doit soutenir une charge d'eau, sera arcbouté derriére par des arc-boutans tels que FGH. On pratiquera dans l'épaisseur du mur DE, une ou plusieurs portes comme L, par lesquelles on fera sortir les bois pour les voiturer. Cet espéce de bassin est supposé être fourni d'eau par le secours d'un courant, dont on ne laissera entrer que la quantité nécessaire pour faire floter les bois. Au fond de cette Riviére on pratique des canaux MN, dont l'ouverture verticale est bouchée par des tambours ou tampons N, qui ne sont que des cones tronqués & renversés, au centre desquels sont fixées des verges N, O, assujéties par le haut dans un fort bordage. Les trous qui les reçoivent sont autant d'écrous que les verges faites en vis remplissent, au moyen desquels il est facile d'élever les tampons pour mettre les bois à sec, ce qui se fait lorsqu'on veut en retirer pour les voiturer. Le

1704. N° 97.

1704. dégorgement M de chacun de ces tuyaux conduit l'eau dans des goûtiéres de pierre.

N° 97. On vuide aussi l'eau par ces ouvertures, lorsque l'on voit qu'il y en a trop d'entrée dans le bassin. Il faut observer de mettre des bornes intérieurement devant les portes & les tuyaux, afin d'empêcher qu'ils ne soient détruits, lorsque les bois flotent, ou qu'on vient à vuider le bassin, ces mêmes bornes serviront à tenir les portes libres.

On a communiqué ce dessein pour être la Digue garnie de ses portes, inventée par M. Bourgeois de Lyon, dont il est parlé dans l'Histoire de 1704. Et comme on a vérifié ce dessein avec le certificat, on a trouvé que ce projet étoit assez conforme à ce que Messieurs les Commissaires nommés en ont rapporté à l'Académie.

Digue avec ses portes.

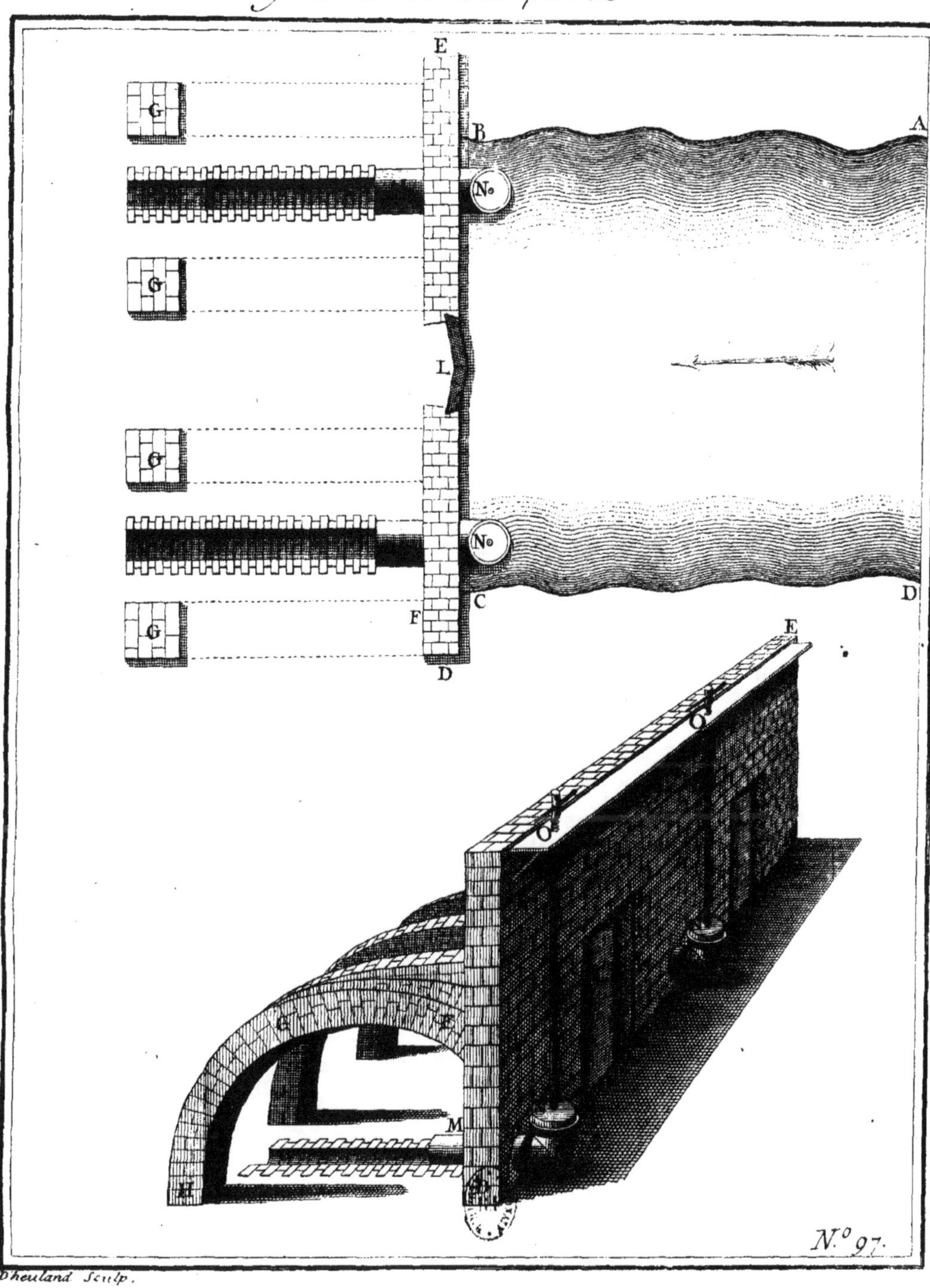

Dheuland Sculp.

NIVEAU

INVENTÉ.

PAR M. VERJUS.

AA est un cylindre creux de laiton d'environ un pouce de diametre : ce cylindre est soûtenu par son axe en F, au moyen du chassis CDE, dans lequel il se peut mouvoir. 1704. N° 98.

FIG. I.

BB sont de petits tuyaux soudés perpendiculairement sur le cylindre; ces tuyaux sont faits pour recevoir les pinules GH.

H est une pinule séparée du tuyau B; chacune de ces pinules est percée de trois trous : celui du milieu est de figure elliptique. A chaque extrémité du grand axe prolongé il y en a deux autres dont l'un, comme *y*, est de même figure, mais plus petit; & l'autre *z* est rond. Les trois ouvertures sont coupées diametralement dans le même sens par le grand axe de l'ellipse. C'est par le trou rond que l'on doit viser à l'objet, le rayon de l'œil passant aussi par le filet de la pinule opposée G, semblable à la pinule H.

La boëte IK est de fer blanc, on la remplit d'eau; elle contient le cylindre AA, qui se meut autour de son centre, suivant les differentes hauteurs de l'eau que cette boëte renferme. N, est le chassis qui suspend le cylindre, & qui est enchassé dans cette boëte, comme on le dira ci-après. FIG. II.

OO est le couvercle de cette boëte, dans lequel sont

1704. N° 98. faites les ouvertures PP, pour laisser passer les pinules hors de la boëte. A l'extrémité K de cette boëte est un trou R pour la remplir de liqueur, au moyen de l'entonnoir S. Cette Machine est portée sur un affut QQ, avec un pied dont la tige V se hausse & se baisse dans son emboiture, & se fixe par la vis Z, ce qui sert à élever plus ou moins l'instrument.

FIG. III. TT couppe de la boëte suivant sa longueur. Il y a dans le milieu de cette boëte une piéce de fer blanc VV pliée en feuillure, qui reçoit & arrête le chassis qui porte le cylindre.

FIG. IV. Cette figure représente une coupe en travers de la boëte; *ab* sont les piéces de fer blanc soudées au milieu de la boëte pour arrêter le chassis.

La cinquiéme Figure est une autre coupe avec le cylindre. La sixiéme figure est une troisiéme coupe à l'endroit des pinules. *cd* le couvercle de la boëte; *efg* demi tuyau de fer blanc soudé sur le couvercle, & ouvert aux extrémités. Par ce moyen les pinules se trouvent à couvert des injures du temps. *hi*, lames de fer blanc soudées autour de l'ouverture de la boëte pour empêcher le flot de l'eau. Enfin la septiéme figure est le plan du pied de cet instrument.

Pour être en état de se servir utilement de ce Niveau, il seroit à souhaiter qu'on trouvât quelque moyen de le rectifier.

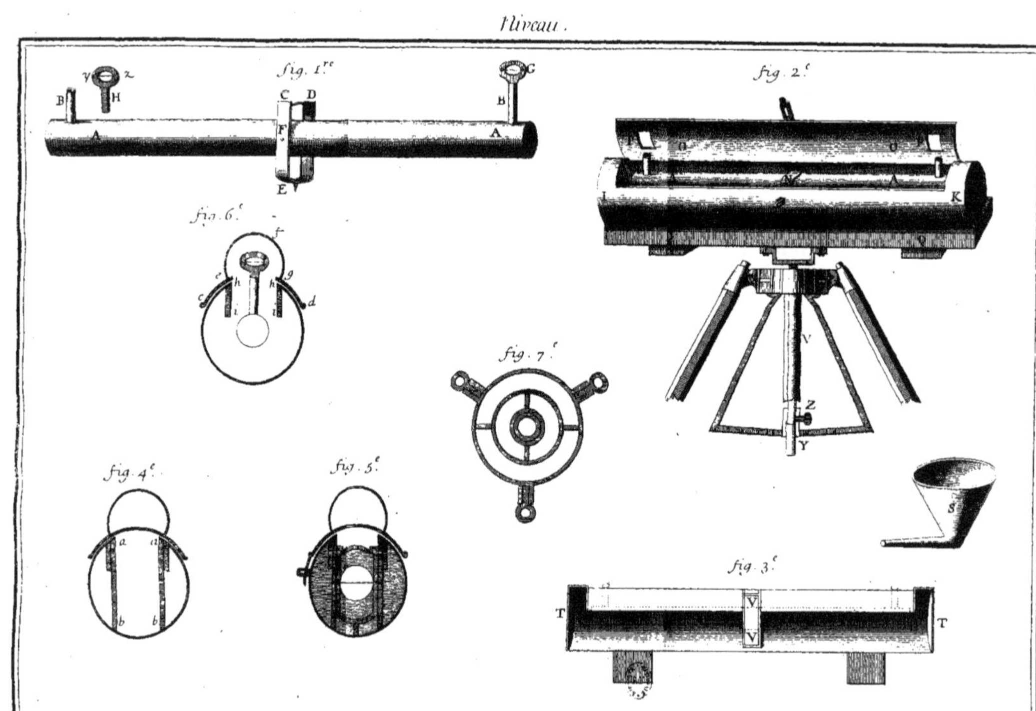
Niveau.
fig. 1.re
fig. 2.e
fig. 3.e
fig. 4.e
fig. 5.e
fig. 6.e
fig. 7.e
N.o 98.

RECUEIL
DES MACHINES
APPROUVÉES
PAR L'ACADÉMIE ROYALE
DES SCIENCES.

ANNÉE 1705.

PARASOL OU PARAPLUYE INVENTÉ PAR M. MARIUS.

LE Parapluye *AB* eſt vû dans toute ſa grandeur, c'eſt-à-dire lorſqu'il eſt déployé & tendu. Les brins CD, CE, tiennent à un anneau C, de même qu'aux Parapluyes ordinaires. La tige CF eſt fort courte ; ſon extrémité F eſt percée d'un trou, & porte un fil de fer FG qui paſſe dans une lunete H, que l'on pouſſe juſqu'au haut de la tige de F en I, ce qui fait étendre & écarter les brins du Parapluye ; & par conſéquent ce dont il eſt couvert. Pour aſſujétir cette lunete, l'on a un bois rond LM percé intérieurement dans toute ſa longueur; au côté duquel eſt un trou N, qui répond au trou F de la tige quand on a paſſé le fil de fer FG dans la lunete, puis dans la canne ML ; & le bout de la canne étant arrivé en I, l'ouverture F ſe trouve devant le trou N, dans leſquels l'on paſſe la petite cheville O, qui retient aſſez ſolidement le tout.

1705. N° 99.

La même canne ML lui ſert d'étuy ; car les brins qui compoſent ce Parapluye étant de fil de fer, & chacun tournant librement ſur l'anneau C, qui les aſſemble, il n'y a aucune difficulté à les appliquer le long de la tige, comme il eſt repréſenté en PR; moyennant quoi ce Parapluye devient d'un petit volume, enſorte qu'un étui ou canne d'un pouce de groſſeur le peut aiſément contenir.

AUTRES

Parasol ou Parapluie.

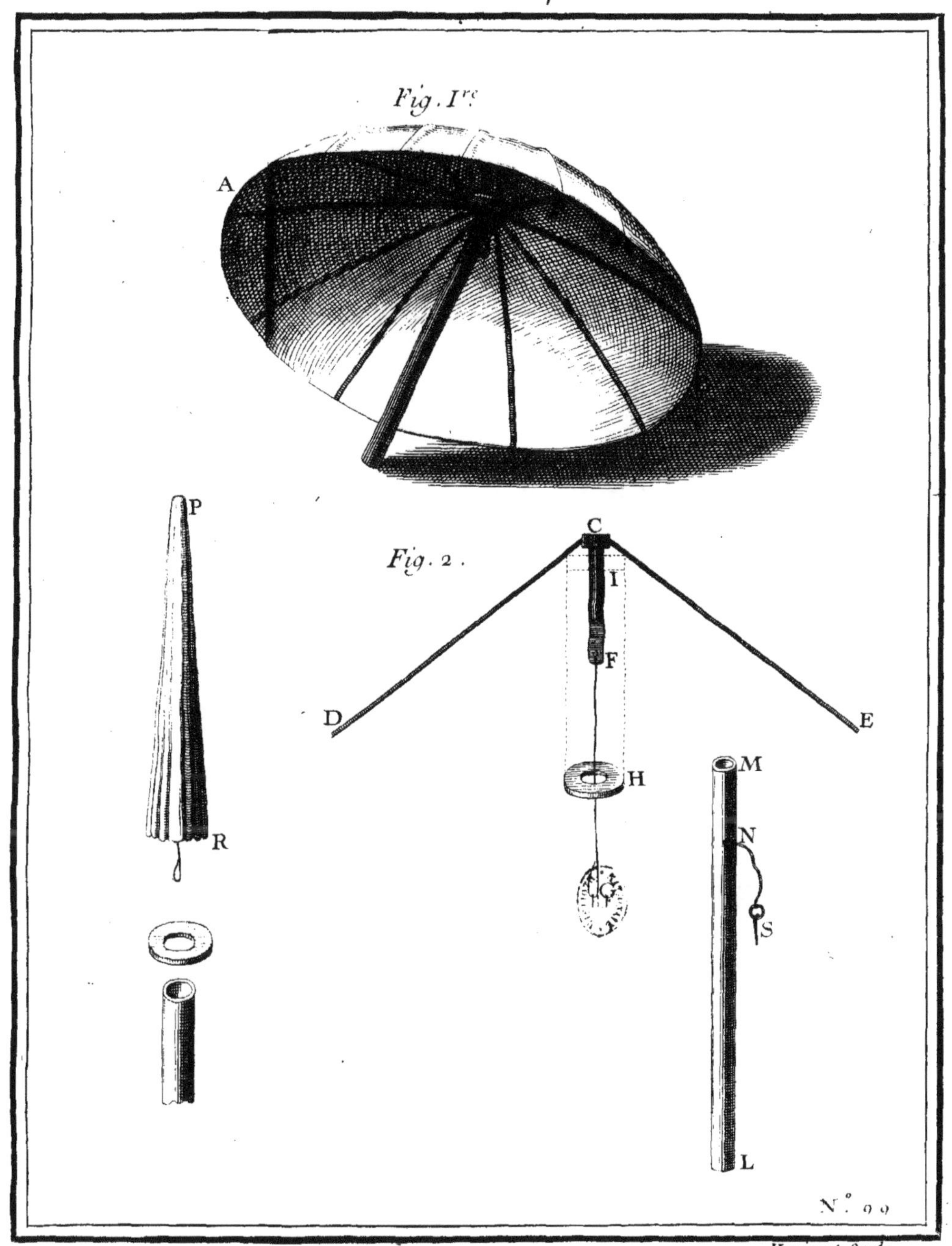

Herisset Sculp.

AUTRES PARASOLS OU PARAPLUYES, INVENTÉS PAR M. MARIUS.

LE premier Parapluye AB est en forme d'Evantail ; sa tige AC tient à l'angle que les brins font lorsqu'ils sont étalés. Ces brins se brisent dans le milieu de leur longueur ; on les étale de même que les autres, par le moyen d'un coulant D, auquel tiennent d'autres petits brins qui arcboutent contre les premiers brins qui s'étendent comme les Parapluyes ordinaires. Les bords de celui-ci sont garnis des cordons E qui servent à le plisser, de même que l'on plisse & que l'on ferme une bourse. Ce Parapluye se ramasse en lâchant le coulant D ; les brins s'approchant de la tige, l'on tire sur les cordons E, & l'on applique la partie FG sur la partie GI ; tous les brins brisés étant ainsi pliés les uns sur les autres, on lie le tout avec les cordons, & le Parapluye ne tient que le volume K.

1705. N°. 100.

M. Marius prétend qu'il est plus aisé de se garantir de

la pluye par cette construction, qu'avec des Parapluyes tout-à-fait ronds. Il ajoûte que l'on est couvert plus également.

1705. N° 100.

Le second Parapluye LM est fait en forme de parallelogramme; sa tige est adaptée au centre par le moyen d'un écrou N dans lequel entre la vis O de la même tige. Les petits côtés du parallelogramme, comme M, se brisent dans leur milieu par le moyen d'une charniére P que l'on fixe avec une cheville. Il n'y a que les quatre brins 1, 2, 3, 4, à ce Parapluye; chaque brin est de la longueur du petit côté du parallelogramme;ils se brisent comme lui dans le milieu de leur longueur, & ils sont assujétis ensemble par une charniére S. A l'endroit de la charniére un des brins, comme T, porte un ressort dans lequel entre une pointe *a*, que l'autre brin S porte au même endroit. Les extrémités de ces brins sont garnies de deux pointes recourbées. La pointe T entre dans un trou rond fait à la tige O du Parapluye, un peu plus bas que la vis; l'autre extrémité S du même brin s'assujétit dans une piéce V, percée aussi d'un trou rond, & fixée au coin du Parapluye; & comme il y a quatre de ces piéces aux coins du Parapluye, & que les petits côtés sont maintenus toûjours écartés à la même distance, les grands côtés n'ont besoin de rien pour les fixer dans la situation où ils doivent être. Pour ramasser ce Parapluye, on défait les quatre brins, que l'on plie en deux. On demonte pareillement la tige; on met le tout en faisseau; ensuite on plie l'étoffe en deux, par le moyen des charniéres des petits côtés; l'étoffe X ainsi pliée, on la roule autour du faisseau fait des brins & de la tige; le Parapluye n'occupe plus que le volume Y, lié avec des cordons, que l'on suppose être de 14 pouces. Sur cette mesure l'on aura un Parapluye de 5 pieds d'étenduë; car dans ce faisseau, les brins étant pliés en deux également, il s'ensuivra qu'ils auront 30 pouces de long, qui n'est que la moitié de l'étenduë: sa largeur sera par cette même raison d'une étenduë égale : son usage est destiné a couvrir deux personnes. On en pourra faire de 6 pieds de diametre en rond, & qui étant pliés n'occuperont qu'environ un pied lorsqu'ils seront ramassés, en brisant chaque brin en 3 parties ; ceux-là peuvent servir de Parasols, sous lesquels on pourra mettre une table.

1705.
N°. 100.

Autres - Parasols ou Parapluyes

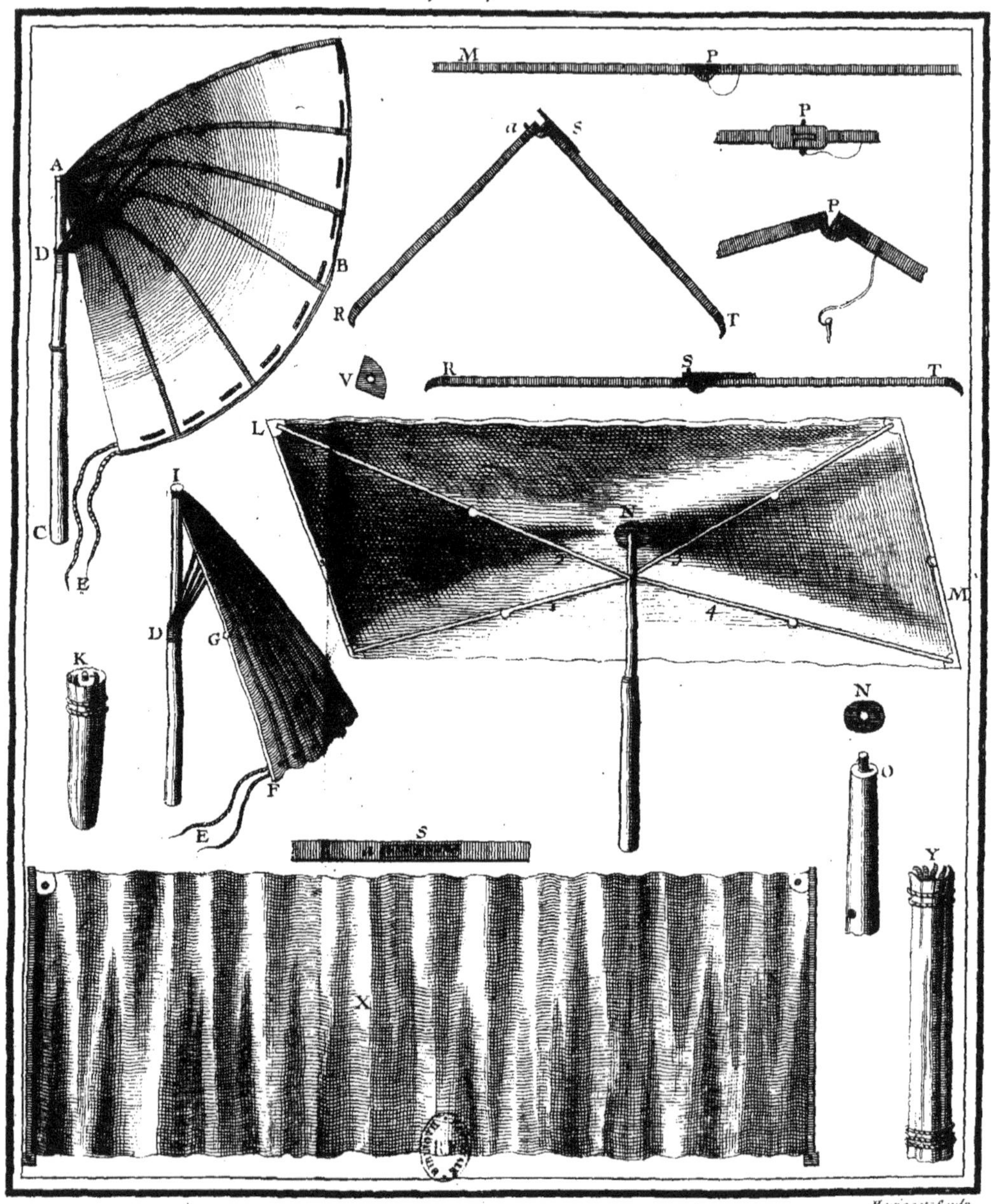

Herisset Sculp.

N.° 100.

TENTES BRISÉES INVENTÉES PAR M. MARIUS.

1705. N°. 101. FIG. I. & VI

AB est une Tente appellée communément *Marquise*, ou Tente à *Pavillon*. Sa capacité est terminée par le diametre de 10 pieds du cercle CD, à la circonference duquel est cloué le coutis destiné à la former. Ce cercle se brise diametralement aux endroits C, D, E, F, & se rejoint facilement par le moyen de deux boulons de fer pour chaque brisure avec leurs clavetes G, H. Ces boulons entrent dans des trous I, I, I, I, faits aux endroits des brisures; ces trous doivent répondre exactement les uns sur les autres pour recevoir les boulons, au moyen desquels le cercle sera solidement lié, & resistera au bandement des cordes P Q, qui servent à tendre cette Tente.

La maniére de la suspendre est très-commode; le grand vent contribuant autant à sa suspension, qu'il est nuisible aux autres. L'on employe pour cet effet une perche LM, qui doit être d'un bois liant, & qui fasse ressort, afin de tenir cette Tente en respect: cette perche sera soûtenuë d'un chevron brisé ONO, mobile en charniére au point N. Ses extrémités OO seront assujéties par les bords de la Tente, ou par des piquets. Le bout N s'arrêtera à cet endroit contre un nœud de la perche, ou dans une entaille que l'on y fera; par ce moyen l'un & l'autre se trouveront fixés. Ensuite l'on pourra tirer librement sur les cordes

PQ, PQ; RS, RS, pour dresser cette Tente, & on
1705. arrêtera ces cordes par leurs extrémités QQ, SS, à des
N°. 101. piquets qui seront enfoncés en terre, comme on le pratique aux Tentes ordinaires.

De cette construction il résulte plusieurs avantages. 1°. Cette Tente est très-solide lorsqu'elle est tenduë, & on joüit en entier de l'espace qu'elle renferme; au lieu que les autres sont toûjours embarrassées du pilier qui les soûtient, lequel est placé dans leur centre. 2°. Celle-ci peut se plier en faisseau, & suivant le diametre que l'on lui suppose ici, c'est-à-dire, de 10 pieds, son volume ne sera que d'environ 5 pieds $\frac{1}{2}$, & son poids à peu près de 40 livres; ce qui la rend d'un transport facile, ayant beaucoup moins de piéces que les Tentes ordinaires.

Supposant cette Tente d'une plus grande largeur que
FIG. II. celle qui lui est donnée ici, on pourra dans son intérieur en pratiquer une autre de figure quarrée, telle que *a b*, dont la suspension sera commune à la premiére. Le chassis
FIG. III. IV. & V. qui la compose est aussi brisé dans son milieu en *c d*; les deux côtés *c e*, *d f* de la moitié de la longueur, sont joints à la traverse *e f* par deux boulons, autour desquels ils se meuvent. Le côté *c e* est joint au-dessus; & le côté *d f* en-dessous de la même traverse.

Chaque assemblage *c e*, *f d* de ce chassis, porte deux crochets *g h*; ces crochets sont pour affermir le chassis, & servent à le monter. Il y en a de semblables à l'autre assemblage *c x y d*, aux endroits *l m*; ces assemblages s'emboitent l'un dans l'autre aux endroits *e d*, où ils sont fixés par les chevilles qui y sont représentées. On replie cette Tente en dégageant les quatre crochets *g*, *h*, *l*, *m*, & les deux chevilles *c d*, pour lors les côtés *c e*, *d f*, qui se peuvent mouvoir autour de leurs cloux, se replient en-dessus & en-dessous de leurs traverses *e f x y*, comme la quatriéme Figure le fait voir. La cinquiéme Figure est le volume qu'elle occupe quand elle est pliée, d'où l'on pourra juger qu'elle peut être facilement transportée. Le coutil qui lui est destiné se clouë tout-autour sur l'épaisseur du chassis. 1705. N. 101.

L'on observera que la Tente représentée Figure II. n'est pas proportionnée pour être contenuë dans la premiére, comme il a été dit ci-dessus; il eût fallu la représenter trop petite, ce qu'on n'a pas voulu faire pour éviter la confusion dans son dévéloppement, qui est relatif à la perspective pour rendre le tout plus sensible.

La sixiéme Figure est la perche avec son chevron, dont les branches peuvent être armées de pointes de fer. FIG. VI.

TENTE

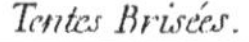

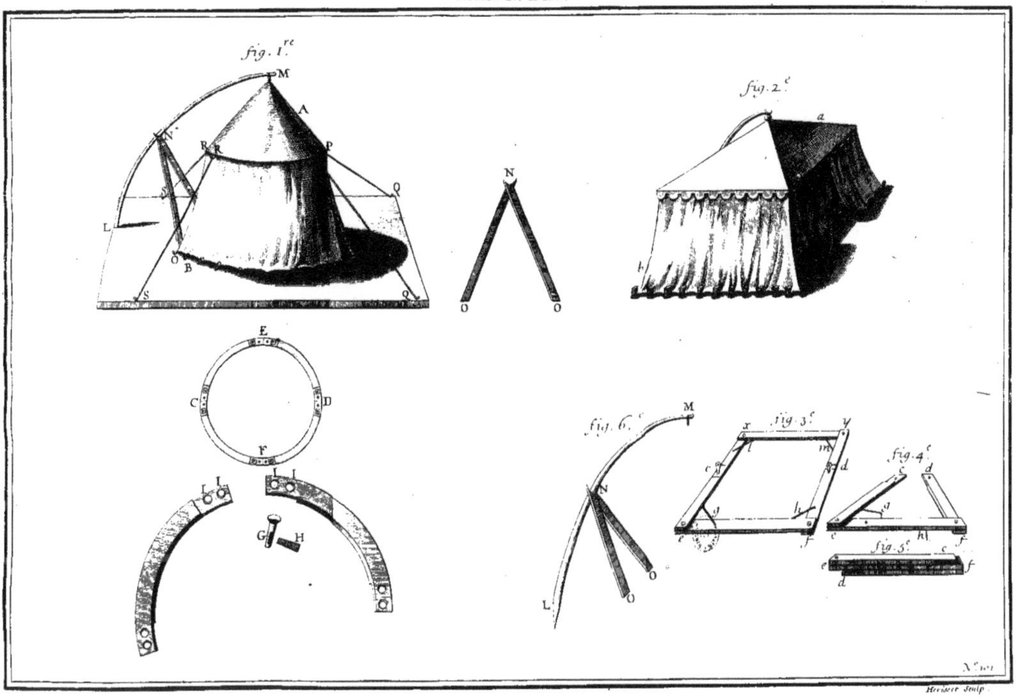

Tentes Brisées.

TENTE BRISÉE

INVENTÉE

PAR M. MARIUS.

A B est la Tente montée & tenduë par les cordes CDE, & par les piquets fichés en terre, qui en bordent le pourtour. 1705. N°. 102.

Cette Tente est de même que les autres soûtenuë par une tige FG plantée dans le milieu de l'espace qu'elle renferme. Sur les faces de la tige FG sont adaptés les bras IH, IL, IM, IN; ces bras sont assujétis à charniére, de maniére qu'ils peuvent s'élever & s'abaisser, comme on le peut voir plus distinctement en PQ. Ces mêmes bras sont entretenus à égale distance par les cordes NH, HL, &c. attachées à leurs extrémités. Quatre crochets, tels que RS, qui répondent à un piton S fixé sur le bras PQ, servent à tenir la tente tenduë; & en dégageant ces mêmes crochets cette tente peut se plier en faisseau, n'occuper que le volume TVX, ce qui la rend d'autant plus commode, qu'elle porte encore avec elle toutes les piéces qui sont nécessaires pour la faire servir, & pour être promptement tenduë, sans que cela la rende beaucoup plus pesante que les Tentes ordinaires. Le coutil destiné à cet usage s'applique sur cette monture, & peut y être fixé, ou plié à part.

Autre Tente Brisée.

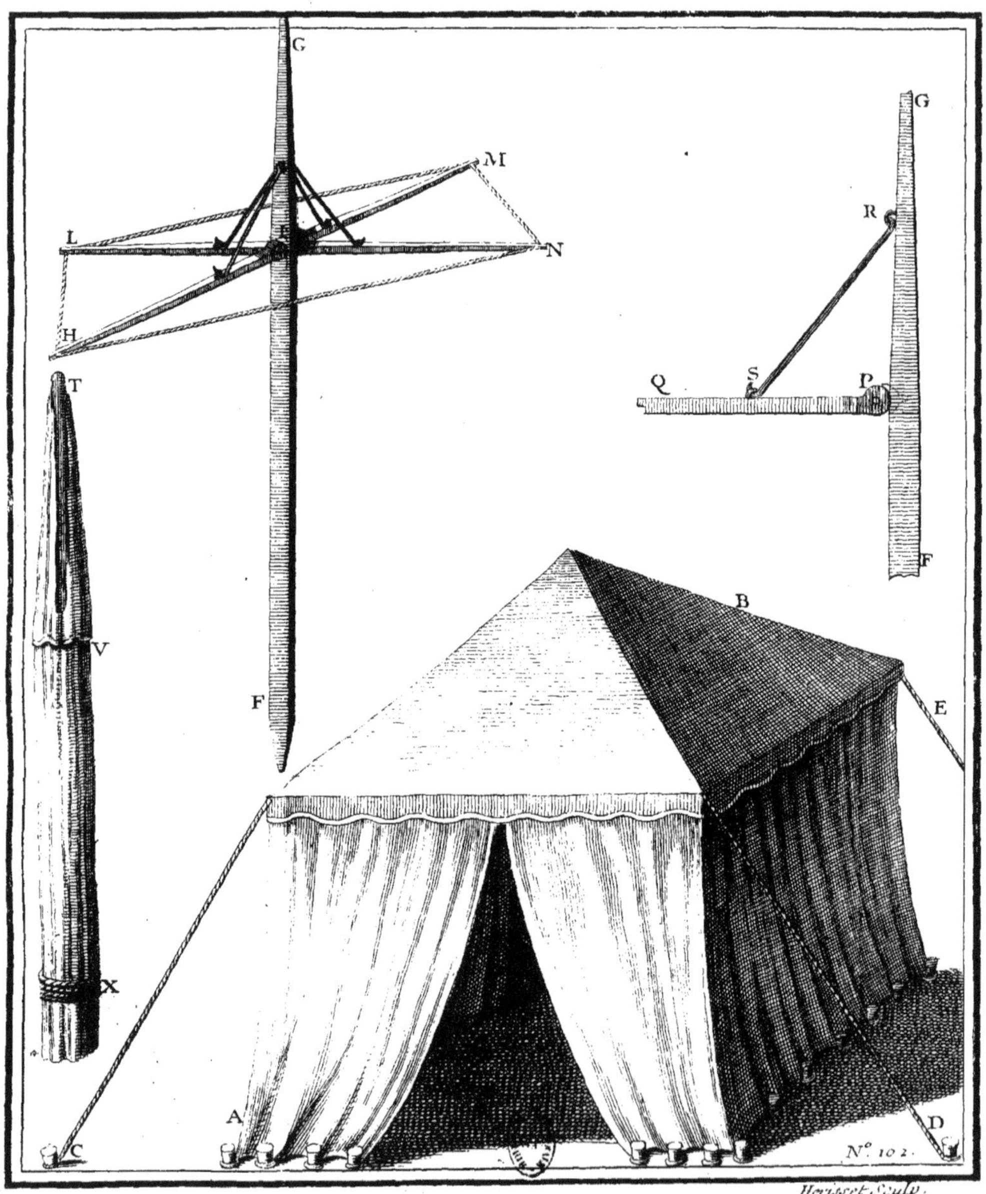

Herisset Sculp.

CARABINE NON-BRISÉE

QUI SE CHARGE PAR LA CULASSE,

INVENTÉE

PAR M. DE LA CHAUMETTE.

LA Carabine AB eſt montée ſur un bois ordinaire; elle n'eſt differente des autres qu'en ce que l'on fait au côté oppoſé à la batterie, & au-deſſus de la charge, un écrou E dans l'épaiſſeur du métail : cet écrou reçoit une vis F qui doit boucher exactement cette ouverture; de cette maniére lorſque l'on veut charger la Carabine, on ôte la vis; on fait paſſer la poudre la premiére; enſuite la bale; après on remet la vis, & on donne un coup de croſſe contre terre, comme on le pratique dans toutes les occaſions preſſantes avec les Fuſils ordinaires. On a vû de ces ſortes de Carabines exécutées.

1705.
N°. 103.

Carabine qui se charge par la culasse.

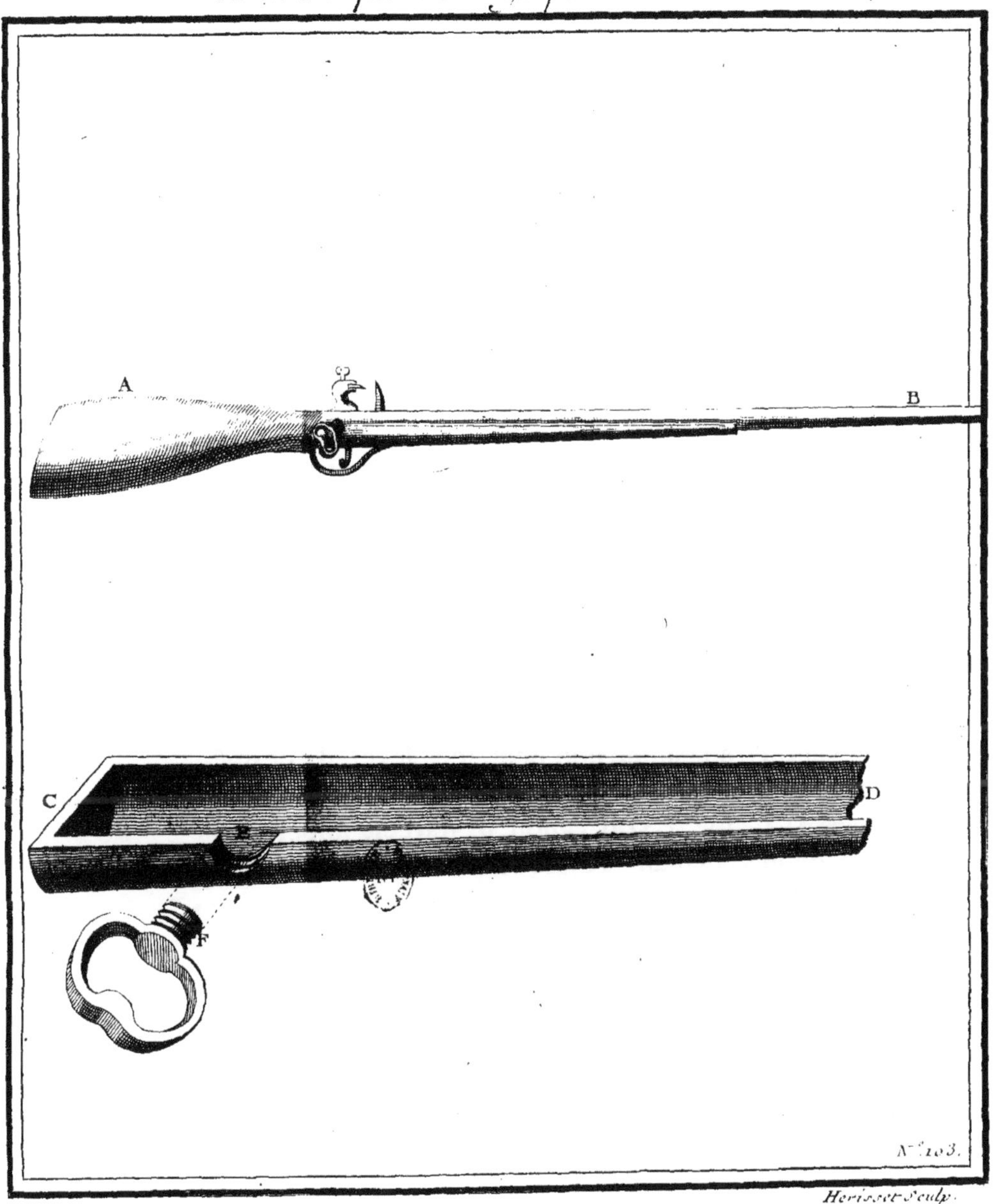

AUTRE CARABINE

QUI SE CHARGE PAR LA CULASSE,

INVENTÉE

PAR M. DE LA CHAUMETTE.

LE Fusil AB ne differe des autres qu'en ce que le canon CD est percé en F, qui est le passage de la balle & de la poudre; la Figure GH est une section verticale faite dans le milieu du canon; ce canon a deux ouvertures circulaires I, L, diametralement opposées; ces ouvertures sont bouchées par un tampon MN, qui les remplit exactement; le tampon est assemblé à charniére à l'endroit M à la sous-garde MOP attachée elle-même au fût du Fusil, de maniére qu'elle fait ressort; c'est-à-dire, que pouvant être abaissée elle peut se relever d'elle-même, & faire remonter le tampon pour boucher l'ouverture supérieure I. L'ame RS du canon se retrecit imperceptiblement depuis la culasse R jusqu'à la bouche S, où il est par conséquent d'un plus petit diametre qu'à l'endroit TV, lieu où s'arrête la balle. L'ouverture I étant d'un diametre égal au diametre TV, cette ouverture servira utilement pour choisir les balles de calibre. Voici maintenant la maniére de mesurer la poudre, & de charger cette Carabine.

1705. N°. 104.

On aura un Cylindre creux XY de fer blanc, ou d'autre matiére, dont la capacité sera égale à ce que peut contenir l'espace Z, compris entre la bale & le tampon, qui sert

de culasse. Ensuite quand on le voudra charger, on abaissera
1705. la sous-garde, ensemble le tampon qui lui est attaché; l'ou-
N°. 104. verture I se trouvant alors débouchée, on fera passer la balle la premiére, ensuite on vuidera la mesure de poudre XY, & le tampon remontant avec force par le moyen du ressort de la sous-garde; ce même tampon chassera de la poudre dans le bassinet, auquel on suppose une grande lumiére, & le Fusil sera tout prêt à tirer, & la balle sera forcée d'elle-même.

Il est constant que cette Carabine sera d'un service plus prompt que celle mentionnée-ci devant, qui se charge par la culasse, mais dont le tampon est à vis. D'ailleurs cette premiére n'a point l'avantage de pouvoir amorcer d'elle-même comme celle-ci, surtout si l'on se sert de poudre fine. A l'égard de la maniére de forcer la balle, on a depuis fait voir plusieurs armes à feu à peu près dans ce même goût; & si ces sortes d'armes sont préférables aux Fusils ordinaires, cette derniére paroît meriter la préférence, en ce qu'elle est plus simple, d'une exécution plus facile, & d'un service plus prompt.

Carabine qui se charge par la Culasse.

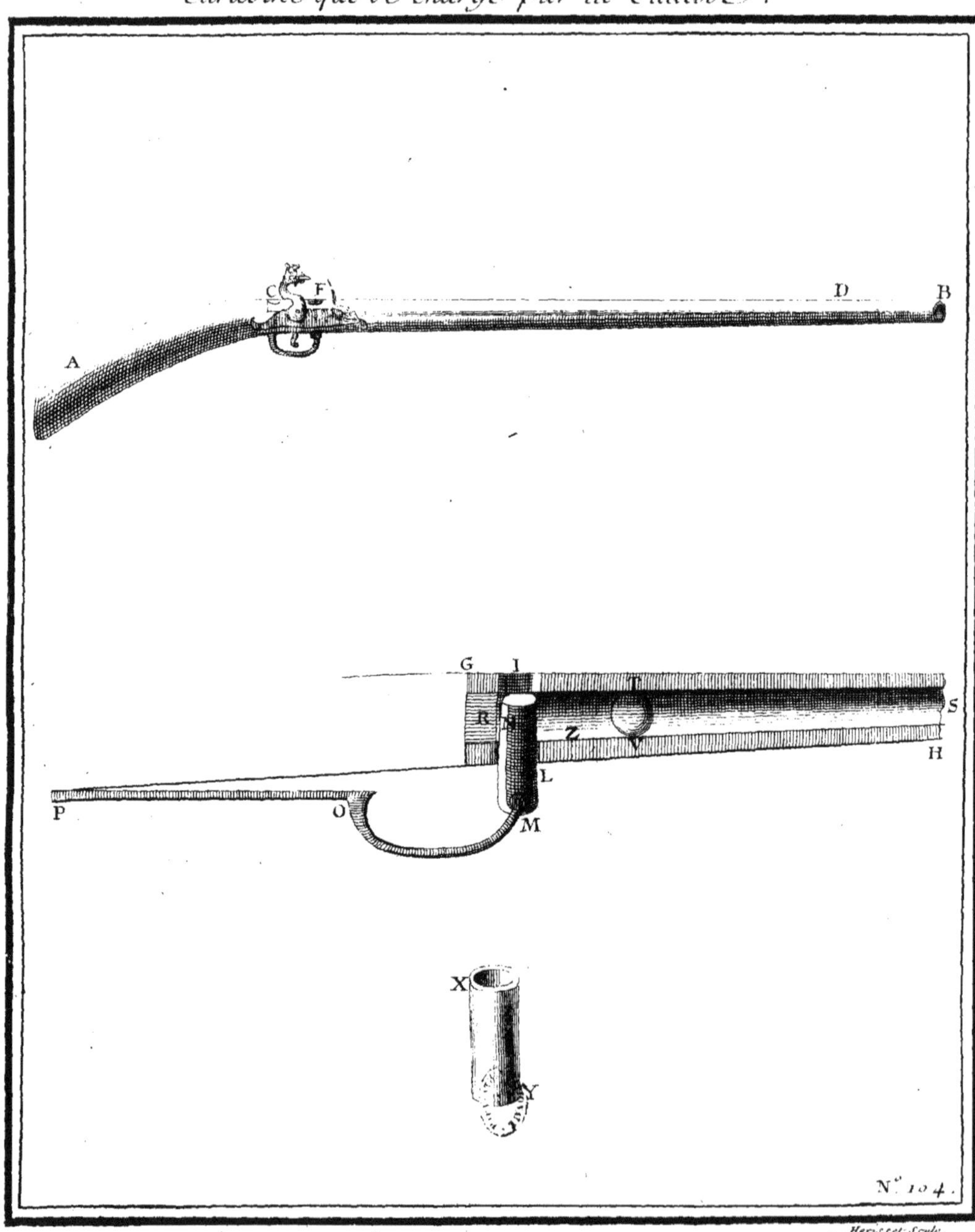

Herisset Sculp.

MICROMETRE

INVENTÉ

PAR M. LE FEVRE.

CE Micrometre est composé de deux chassis enfermés dans un boëte ABCD (Fig. I.) Cette boëte est percée d'une fenêtre *lmno*, pour voir les fils de l'Instrument, & les objets que l'on veut mesurer. La partie AEFC est ouverte en AC, & contient en dedans un pignon I de 8 aîles, dont l'axe porte en dehors la rouë GH, armée de petites chevilles, & qui sert à le faire tourner: ce pignon I engrene dans la cramaillére GP, (Fig. III.) attachée au chassis ABQSTRDC; & par consequent ce chassis & le fil HK qu'il porte se meuvent dès qu'on fait tourner le pignon.

1705. N°. 105. & 105.* PL. I. & II. FIG. I. FIG. III.

Ce chassis est posé dans la boëte au-dessus du chassis ADFEBC, (Fig. II.) qui est arrêté fixement au moyen de la dent K, qui entre dans une ouverture pratiquée à la boëte; & le fil FE de ce chassis fixe passe par-dessus la partie SQTR (Fig. III.) du chassis mobile. Ce chassis fixe est garni d'une glace sur laquelle sont tracés des traits paralleles, qui servent de filets immobiles.

FIG. II. FIG. III.

La partie STQR est chargée d'une régle *ab*, divisée en 60 parties égales & mobiles autour du centre *a* qui répond à W de la troisiéme Figure; & cette division porte deux rangs de chiffres; l'un depuis o jusqu'à 60 de partie en partie, pour marquer les minutes; & l'autre depuis o jusqu'à 12 de 5 en 5, pour marquer les doigts écliptiques, auquel cas les divisions intermédiaires donneront les minutes de doigts de 12 en 12.

1705. No. 105. & 105.* Cette piéce étant disposée & placée obliquement, de façon que le fil FE qui tient au cadre immobile passe par-dessus, il est évident qu'on ne sçauroit faire mouvoir la rouë *GH*, que le pignon I qui y tient ne fasse avancer la cramaillére GP, & par conséquent le cadre mobile, & la piéce *ab* qui y est attachée, ce qui ne se peut faire sans que le filet EF qui tient au cadre immobile marque sur les divisions de *ab* le chemin que le cadre mobile & le filet ΔK qui y tient, ont parcouru.

PL. I. & II. FIG. III. & IV. Comme la piéce *ab* est placée fort obliquement à l'égard du filet EF, on pourroit craindre que l'intersection du filet & de la division ne se pût pas distinguer exactement. Pour remedier à cet inconvenient on a ajoûté le curseur *ef*, qui se meut le long de la piéce *ab*, au moyen de la cramaillére *ed*, qui est placée dessous, & du pignon I attaché à la rouë *hk*, qui est jointe au curseur; on le peut voir tout monté dans la quatriéme Figure. Ce curseur a deux usages: premierement, il porte un point rond *g* sur lequel se doit trouver le fil, & que l'on peut très-exactement placer dans cette situation: secondement, la division du curseur contenant un certain nombre de parties de la régle, divisées en un nombre moindre d'une unité, par exemple l'intervale de 6 parties divisées en 5, soudivise par une méthode assez connuë & détaillée par le P. Tacquet dans sa Géometrie Pratique, les parties de la régle en 5 parties. Pag. 23.

Pour faire ensorte que la division puisse toûjours convenir sans fraction à telle mesure qu'on voudra, la régle *ab*

FIG. V. peut changer d'inclinaison au moyen de la vis *qr* (Fig. V.) fixée par le bout dans la piéce *tqu* à ressort, qui à cause de l'écrou *s* de la vis qui tient à la régle, tend toûjours à la rappeller sur le plan; & lorsqu'en tournant la vis *rq* on a mis la régle dans l'inclinaison nécessaire, pour que sa division réponde juste à une étenduë donnée, où a un certain mouvement du filet, on l'arrête, au moyen de la vis *z* qui passe dans l'ouverture ZY, qui est fixement attachée à la régle; & afin

afin qu'on puiſe aiſément la remettre dans la même ſituation
quand elle en a été dérangée. La régle *ab* porte un index 1705.
npo (Fig. IV.) qui au moyen de la vis *p* ſe peut toûjours N°. 105.
placer ſur une diviſion juſte de l'arc o, 6 qui eſt tracé ſur la & 105.*
plaque STQR; enſorte qu'en faiſant revenir l'index ſur cette diviſion, on eſt ſûr que l'inclinaiſon de la régle eſt la même, & que par conſéquent la diviſion répond à la même courſe du filet.

Comme dans l'uſage du Micrometre il ſe rencontre des cas où l'on a beſoin d'un mouvement fort prompt, on peut
en lâchant la vis N (Fig. V.) pouſſer la cramaillére LM Fig. V.
vers le pignon, auquel cas la dent K ſe trouvant dégagée, & la cramaillére engrenant, les deux chaſſis iront en ſens contraire, & le mouvement ſera double ſans rien perdre de l'exactitude; ce qui ne ſe peut pas dans les Micrometres ordinaires.

Micrometre.

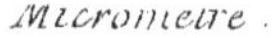

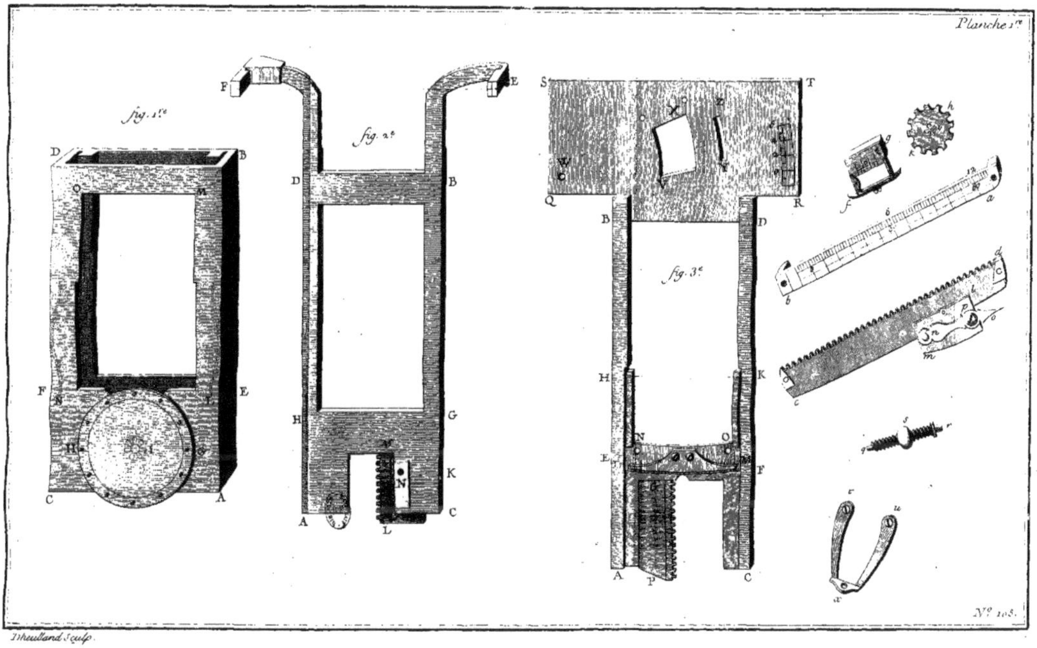

Planche 1re
fig. 1re
fig. 2e
fig. 3e
No. 105.

Dheulland Sculp.

Micrometre.

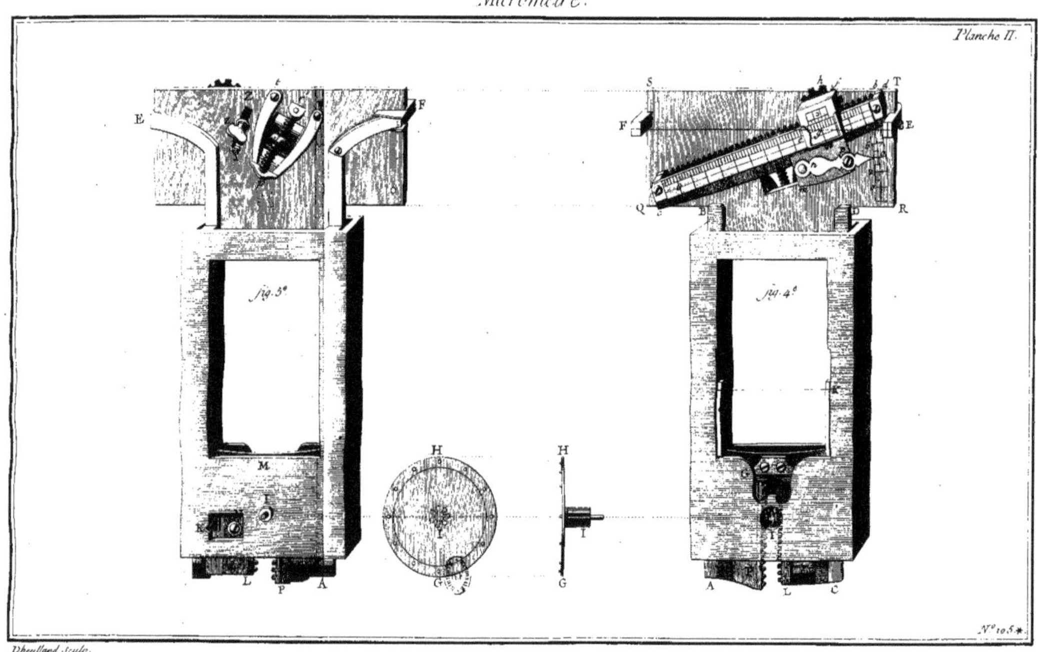

RECUEIL
DES MACHINES
APPROUVÉES
PAR L'ACADÉMIE ROYALE
DES SCIENCES.

ANNÉE 1706.

MANIERE DE TIRER LES LOTERIES INVENTÉE PAR M. D'AUBICOURT.

POUR mettre cette méthode en pratique, il ne faut que quarante cubes d'yvoire d'un pouce en quarré chacun sur tous sens; ces cubes, que l'on nomme caractéres, seront chiffrés depuis 1 jusqu'à *9*, & le dixiéme sera marqué d'un zero; ce chiffre sera encore écrit ainsi *six* sur la face opposée du cube chiffré *6*, afin que l'on ne prenne pas un six renversé pour un neuf, ni 9 pour un six.

1706. N°. 106.

Tous les nombres ou numeros de la Loterie seront formés par ces caractéres sur une planche qui sera percée de vingt trous d'une ligne en quarré plus grands que les cubes ou caractéres; ces trous seront disposés en cinq rangs; il y en aura quatre à chaque rang, qui formeront cinq lignes marquées sur la premiére planche par les lettres ABCDE; sur chacune de ces lignes l'on composera un numero pareil à celui de *9999* marqué sur la même planche par la lettre A. Ces nombres ne seront formés que par quatre chiffres qui seront placés dans des cases pareilles aux trous de la troisiéme planche ABCD, à mesure qu'un enfant les prendra l'un après l'autre dans un sac, ou dans une machine facile à se mouvoir, & partagée en deux loges, dont l'une sera destinée pour les lots qui seront tirés par le

même enfant, qui donnera les caractéres au compositeur pour
1706. former un numero ; car cette méthode est une espéce de
N°. 106. composition semblable à celles qui se pratiquent dans les
Imprimeries ; & lorsque ces caractéres seront placés, ils paroîtront plus élevés de quatre lignes que la planche, supposé qu'elle fût épaisse de huit lignes ; & ces caractéres étant placés de niveau sur un plan uni, leurs faces chiffrées formeront une superficie uniforme.

L'on pourra peut-être préférer l'usage de la troisiéme planche, qui n'a qu'un rang de trous, à celles qui en ont cinq, ce qui reviendra au même, & cela fondé sur l'objection suivante.

Lorsque quatre caractéres chiffrés se rencontreront placés au hazard, comme on le voit à *la ligne* A de la premiére planche, qui font ensemble 9999 ; les nombres qui forment les quatre lignes BCDE, qui sont au-dessous de la ligne A, ne pourront avoir de 9, puisqu'il ne s'en trouve que quatre dans les quarante caractéres ; ainsi il semble qu'un hazard forcé détermineroit ces quatre nombres à se passer de neuf.

On pourroit remédier à cet inconvenient par deux moyens.

Le premier, ce seroit d'augmenter les caractéres de six nombres de chiffres ; *c'est-à-dire*, de soixante caractéres, qui avec les quarante dont on se sert feroient cent caractéres ; ce qui pourroit faire naître une autre objection, qui est que l'on seroit obligé de se servir de deux cens caractéres.

Le second moyen est de ne se servir que de la troisiéme planche, qui produit le même effet, puisqu'elle n'est percée que pour un seul numero.

Pour effacer ou détruire la composition d'un numero, ou de plusieurs, si l'on se sert d'une planche percée de 20 trous, l'on n'aura qu'à lever la même planche, les caractéres se trouveront posés sur la table qui soûtient la planche ;

l'enfant les remettra avec les autres, & ces opérations sont encore plus promptes que celles dont on se sert dans la maniére de tirer les Loteries à l'ordinaire par des billets.

Lorsque quatre zero se rencontreront tout de suite dans un même rang, ils signifieront le nombre de dix mille, parce que quatre chiffres ne pouvant produire un plus grand nombre que celui de *9999*, & que suivant cette méthode le nombre de dix mille doit pouvoir se produire comme tous ceux qui sont au-dessous, rien ne répugne à donner à quatre zero alignés dans un même rang la valeur du nombre de dix mille, puisque les zero dans cette situation à la planche premiére, placés à la ligne C, ne seroient comptés pour rien, ce qui seroit une opération qu'il faudroit changer, ou recommencer.

Si l'on veut ne pas éviter la possibilité d'avoir plusieurs lots sous un même numero, l'on se servira d'une planche percée de six trous à chaque ligne, & pour lors 6 zero de suite dans un même rang, comme on les voit à la ligne E de la seconde Planche étant comptés, signifieront un million.

L'application de dix mille à quatre zero de suite, ou d'un milion à six zero n'est point embarrassante, & n'a aucun besoin de l'attention du Public, puisque l'on écrira ces zero avec de la craye sur un grand tableau noir, à mesure qu'ils se présenteront; ensuite l'on ajoûtera 1 pour dernier chiffre, lequel fera valoir ces zero dix mille; une autre personne écrira ce nombre en même tems sur la liste; ensorte que composer un numero, l'annoncer par le tableau au Public, & l'écrire sur la liste, ne feront qu'une opération; le lot sera aussi tiré dans le même tems.

Si l'on suppose que quarante chiffres tels que ces sortes de caractéres se puissent combiner sur les quatre trous ABCD de la troisiéme planche en 6400 maniéres, ils pourroient être combinés en 32000 façons sur la premiére planche, de sorte que le même nombre ne pourroit s'y

représenter sans un grand hazard ; cependant comme cet
1706. inconvenient pourroit arriver, voici un moyen d'éluder le
No. 106. retour.

L'on ne tire ordinairemnt de la masse des billets qui composent les Loteries, qu'autant de numeros qu'une Loterie fournit de Lots. Par exemple, dans une Loterie composée de deux cens mille billets, qui doit fournir par supposition six cens quatre-vingt lots, l'on ne tirera que 680 numeros. Une autre Loterie d'un milion fournissant 800 lots, l'on ne doit tirer que 800 numeros, qui seront ceux pour qui les 800 lots seront destinés par le sort.

L'on fait une répartition des huit cens lots de la loterie avant que de la tirer sur chaque dizaine de mille, dont est composé un million de numeros, l'on trouve qu'à cette Loterie dix mille numeros donnent huit lots. Sur ce calcul l'on régle la liste; l'on marque sur cette liste tous les articles qui doivent servir à enregistrer 800 numeros, & on les sépare par classes de huit articles chacune, où l'on doit écrire huit numeros avec le lot qui sera échû à chacun. Les huit premiers articles qui composent la premiére classe servent à enregistrer les numeros qui se manifestent les premiers, les huit numeros qui suivront, seront de même enregistrés dans la seconde classe destinée pour la seconde dixaine de mille; c'est-à-dire, depuis dix mille jusqu'à vingt mille. Or si le numero étoit arrivé dans la premiére classe, & qu'il se présentât de rechef dans la seconde, ce ne seroit plus le numero; il seroit devenu le numero dix mille un, parce que l'on ajoûte à tous les nombres qui se produisent la derniére dixaine de mille, qui précéde celle que l'on tire; ainsi si ce même numero 1 paroissoit la dix-septiéme fois que l'on auroit composé des numeros, il deviendroit le numero 20001, parce qu'il seroit précédé de deux dixaines de mille, ou de 20000 accomplis, chaque dixaine de mille étant représentée par huit bons numeros tirés, & l'on ne peut s'y tromper.

Le

Le public n'eſt point occupé de ce détail, puiſqu'on lui repréſente toûjours ſur le tableau le numero tel qu'il doit être dénommé, & de même que la liſte le fait connoître par la claſſe dans laquelle il eſt écrit.

Ainſi l'on ſuppoſe que la moitié de la Loterie a été tirée, & qu'on l'acheve dans une ſeconde ſéance, on ajoûte 500000 aux premiers numeros qui ſeront tirés; & s'il arrive le numero 519, on l'écrira ſur le tableau ainſi 500519, & ſur la liſte il ſera écrit dans la 51e claſſe, chaque claſſe n'étant compoſée que de huit numeros, avec le lot qui ſera échû en partage à chacun; huit fois cinquante font 400 lots, ou numeros heureux, répondans à 500000 numeros, qui font la moitié de la Loterie d'un milion de numeros, lequel fournit en tout huit cens lots. Si le nombre 1000 ſe produiſoit enſuite, ce ſeroit le numero 501000; ſi c'étoit dix mille, ce ſeroit 510000, & ainſi de ſuite.

La vérification de cette maniére avec ſa preuve ſe manifeſtent de ſoi; car ſi par un hazard ſingulier, le numero ſe repréſentoit une ſeconde fois avant que la claſſe dans laquelle il auroit été écrit fût accomplie, tous les ſpectateurs ſe reſſouviendroient qu'il étoit arrivé tout récemment, & la perſonne qui enregiſtreroit les numeros ſur la liſte s'en appercevroit, puiſque les trois derniers articles, avec les numeros qui ſe verroient ſur la planche font toute la claſſe que l'on doit ſeule vérifier: & ſi l'on ſe ſervoit de la troiſiéme planche, qui ne contient qu'un numero, l'on ne peut avoir plus de ſept articles à obſerver, qui ſont ſept numeros à vérifier ſur la liſte; ce qui ſe fait d'un ſeul coup d'œil par l'Ecrivain.

Voici encore une propriété de cette méthode, qui eſt de ſervir à faire la vérification du ſort de quelque numero tel qu'il puiſſe être. L'on a mis à la Loterie d'un milion ſous le numero 175670; l'on ſuppoſe qu'elle a été tirée ſelon cette méthode; on eſt en peine de ſçavoir le ſort de ce numero; pour en être éclairci l'on cherche le nombre de

1706.
N°. 106.

175670 dans la dix-huitiéme classe de la *liste*, c'est-à-dire, après tous les numeros qui précédent 17000, parce que ce numero est un nombre compris dans la dix-huitiéme dixaine de mille. Il suffit de lire les huit articles qui composent la dix-huitiéme classe, pour être certain du sort de ce numero; que si l'on ne le trouve pas inscrit dans cette classe, on chercheroit fort inutilement ailleurs par toute la liste, & l'on doit être assûré qu'il ne se sera pas présenté. La régle générale pour vérifier toutes sortes de numeros, c'est d'en retrancher les quatre chiffres à gauche, & de prendre pour sa classe le chiffre qui devroit suivre le dernier de ceux qui restent à droite; que si le numero à vérifier ne contient pas plus de quatre chiffres, il sera de la premiére classe; & dans la Loterie dont il s'agit ce numero se trouvera l'un des huit premiers sur la Liste, supposé qu'il ait paru.

Le numero 10000 est aussi de la premiére classe, quoique par cinq figures; mais parce qu'il ne peut être représenté sur la prémiere Planche, où on ne le peut voir à la ligne C, que sous quatre zero, il se trouve compris dans cette régle générale; de plus il est encore contenu dans la premiére classe, parce qu'il en est le dernier nombre, puisqu'elle contient depuis un jusqu'à dix mille inclusivement; cette démonstration fait connoître le juste rapport de cette maniére d'éviter le retour des numeros. *L'Auteur les donne comme les plus simples & les plus sûres, & qui se sont confirmées par plusieurs Expériences qu'il dit avoir faites sur cette nouvelle méthode, qui peut être plus aisée à exécuter qu'à décrire, à en juger par les Mémoires que l'Auteur en a laissés.*

Maniere de tirer les Loteries

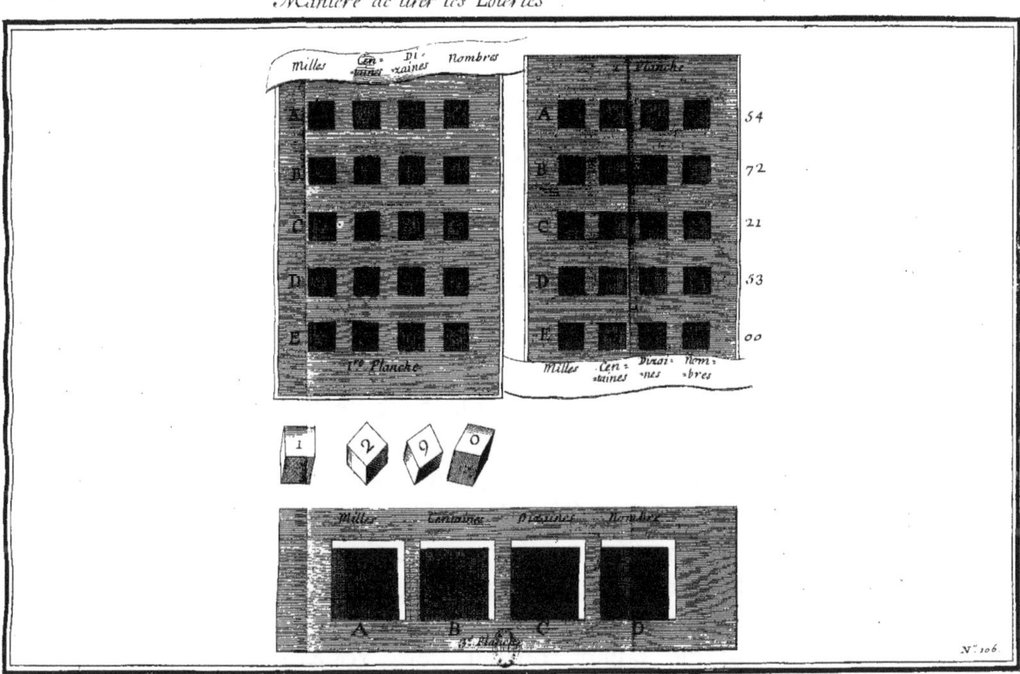

CHAISNE SANS FIN
PROPOSÉE
PAR M. MARTENOT.

CETTE Machine consiste en une rouë BCDAE, sur la circonférence de laquelle sont fixées plusieurs fourchetes de fer C, D, E, espacées à distance égale, 1706. N°. 107. 108. *PLANCHE I.*

A l'extrémité de la plate-forme qui porte cette Machine, il y a un treüil FG, au milieu duquel est une reserve HI, garnie sur sa circonférence de fourchetes semblables à celles qui sont sur la grande rouë AB, & semblablement éloignées l'une de l'autre.

Une Chaîne qui passe sur la circonférence de la rouë & du treüil qui se trouve dans le même plan, fait tourner ce treüil au moyen des maillons dont elle est construite; c'est-à-dire, que cette Chaîne est faite de plusieurs anneaux, entre lesquels sont des maillons ordinaires.

Ces anneaux sont autant éloignés l'un de l'autre, que les fourchetes le sont sur les circonférences du treüil, & de la rouë, de maniére que faisant tourner cette rouë, la fourchete vient à rencontrer l'anneau L, & tire nécessairement la Chaîne, de L, en D, par conséquent fait tourner le treüil FG, dont les fourchetes sont pareillement prises par ces mêmes anneaux, & font tourner ce treüil sur son axe; ce qui ne se peut faire, sans que les deux cordes qui se roulent sur sa circonférence ne tirent le poids P, auquel elles sont attachées.

1706. No. 107. . 108.

Quoique cette invention ne soit pas nouvelle, & qu'il s'en trouve d'à-peu-près semblables dans Ramelli, celle-ci par sa construction pourroit bien réüssir à la place du treüil ordinaire, pourvû qu'on apportât de la précision dans l'éloignement des anneaux qui composent la Chaîne, par rapport à la distance des fourchetes, dans lesquelles elles se trouvent engagées; & assez de solidité pour pouvoir tirer un poids proportionné à celui qui se trouve représenté dans cette Figure.

PLANCHE II.

La Planche suivante est une autre construction de Chaîne sans fin, qui peut servir à élever, ou abaisser des fardeaux; elle est composée d'une rouë AB, qui peut tourner librement sur elle-même par le moyen des manivelle ou treüil C; cette rouë porte autour de sa circonférence plusieurs fourchetes de fer, semblables à celles de la Machine précédente. Une Chaîne passe aussi sur sa circonférence; cette Chaîne s'engage & se dégage d'elle-même des fourchetes. Ses deux extrémités sont garnies chacune d'un crochet, qui sert alternativement à élever, ou abaisser les fardeaux; c'est-à-dire, que quand le bout D a élevé le poids qu'il soûtient, l'autre extrémité étant descenduë, l'on y accroche le poids F; & l'on fait tourner cette rouë d'un sens contraire au précédent, & par conséquent le poids se trouve pareillement monté. L'on peut voir par la deuxiéme Figure de cette Planche, comme quoi les maillons de la Chaîne s'engagent dans les fourchetes.

Cette Machine pourroit aussi servir dans la construction ou démolition des bâtimens, & à tirer de l'eau avec des seaux.

Ire Chaîne sans fin.

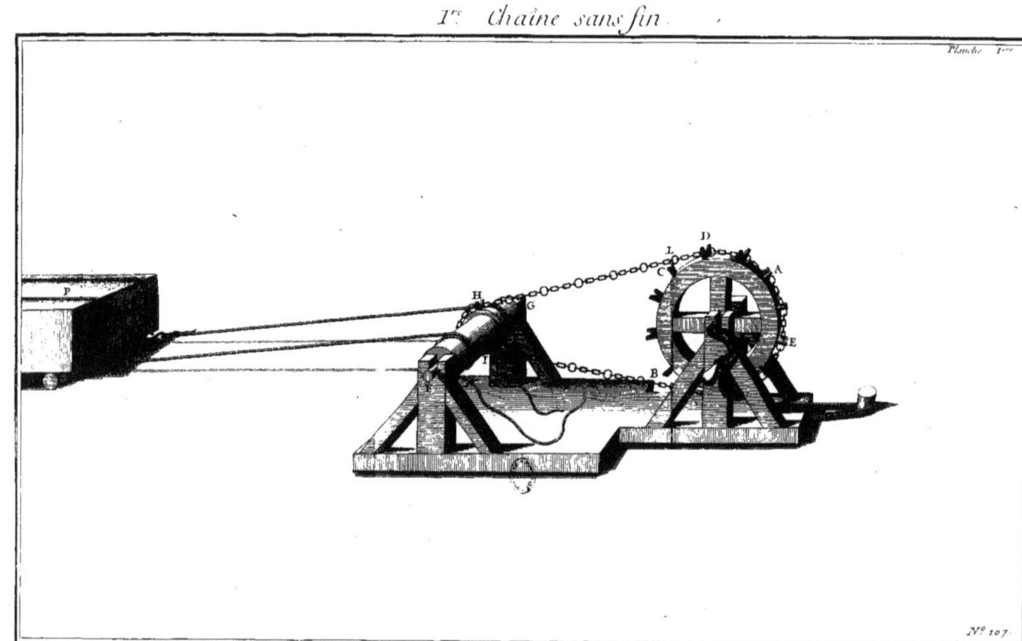

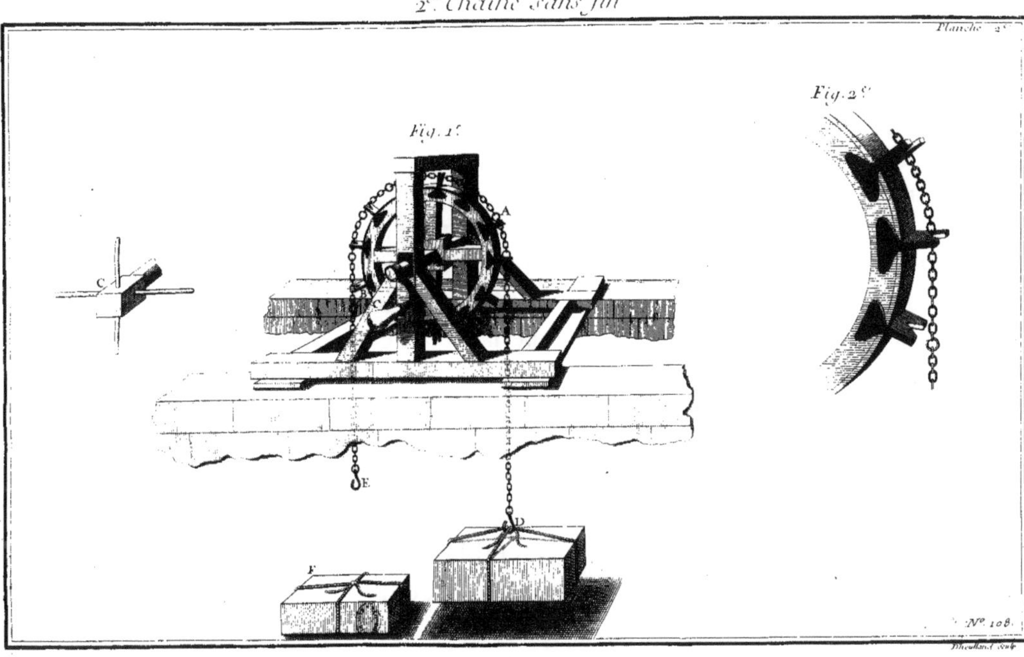
2e. Chaîne sans fin
Planche 2e
Fig. 1re
Fig. 2e
A
C
C
E
D
F
No. 108
Dheulland Sculp.

COUTEAUX PLIANTS

INVENTÉS

PAR M. DE LA CHAUMETTE.

LE Couteau pliant AB peut servir de bayonete au bout d'un *fusil*, & d'Esponton au bout d'une canne; ce Couteau ne *différe* des autres, qu'en ce qu'il est garni de deux virolles C, D. La premiére C est unie, & la seconde D, fixée à la lame, est taraudée pour y recevoir le bout du fusil, ou de la canne, qui porte à cette extrémité une vis propre pour le taraud; au moyen de quoi le Couteau est assujéti par son manche, & par la lame, de maniére que dans cet état il ne peut se plier. 1706. N°. 109.

EF est un Couteau de poche sans ressort, qui se plie comme un Couteau ordinaire.

L'on joint la lame de ce Couteau à son manche, par le moyen de *deux reserves* cylindriques percées de part-en-part d'un trou quarré G; ces reserves s'emboîtent dans un trou ou concavité de même figure faite dans l'épaisseur des jouës du Couteau; dans le milieu de cette concavité il y a un trou taraudé pour recevoir une vis, qui sert à écarter, ou à resserrer les jouës qui forment le manche. La vis OP est destinée pour cet usage; cette vis entre par l'ouverture G de la lame où elle est fixée. Les filets de cette vis sont taillés differemment; c'est-à-dire, qu'il y a une de ces vis dont les pas sont à droite, & dans l'autre ils sont à gauche. *Supposant* donc que la lame G soit emboîtée entre les deux jouës du manche, chaque bout de la vis entrera dans son

écrou, & en tournant plusieurs fois on le pourra serrer plus
1706. ou moins. Ce Couteau étant ainsi disposé, il est clair que les
N°. 109. pas de la vis étant à droite & à gauche, le Couteau supposé fermé, en l'ouvrant les pas des vis tendent à rapprocher les jouës; par ce moyen ils pressent les emboîtures contre l'extrémité G de la lame, & la doivent assujétir. Cette vis fait un effet contraire lorsqu'il s'agit de le fermer; c'est-à-dire, qu'elle fait écarter les jouës, & facilite par-là la fermeture.

La Figure LM est le Couteau vû de front du côté du tranchant.

NOM, MPQ sont les deux jouës réünies ensemble par la vis OP.

LR est la lame enfermée entre les jouës.

Couteaux pliants.

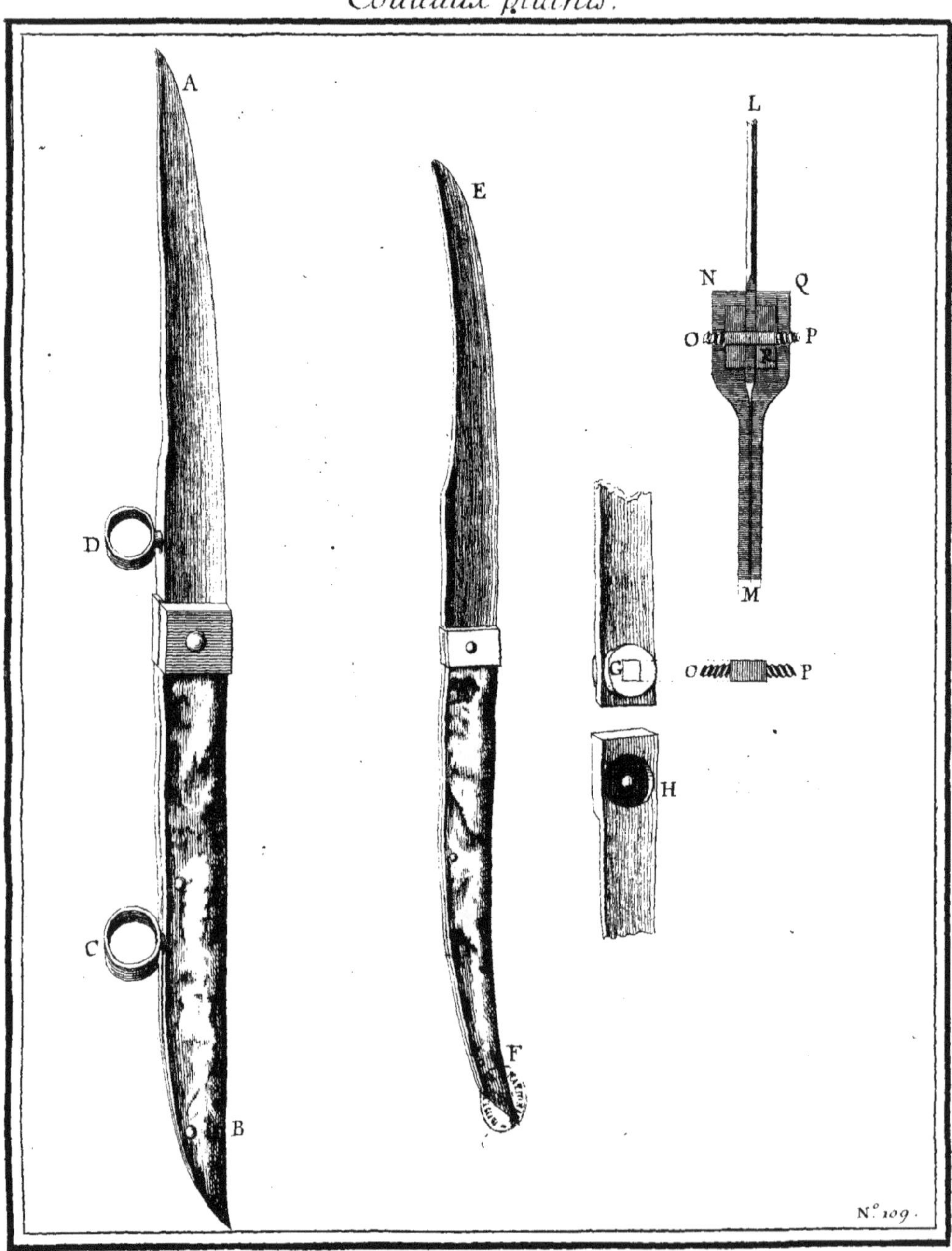

CORNETS POUR LES SOURDS, OU ACOUSTIQUES DE DIFFERENTES FIGURES, INVENTÉS PAR M. DU QUET.

AB est un Cornet de fer blanc, de cuivre, ou d'argent, auquel est soudé un tuyau coudé d'argent BCD de même matiére; le couvercle BE percé d'une grande quantité de trous fort petits, & par conséquent très près les uns des autres, est celui que l'on tourne du côté du bruit que l'on veut entendre. L'intérieur de cette Acoustique représentée en FG, contient un bassin GHI à peu près paraboloïde, dont le foyer se trouve au couvercle BE; le côté HG du bassin va se rendre au bord BG du tuyau, dans lequel le bruit est conduit. Cet effet peut être expliqué de la maniére suivante.

1706. N°. 110. PLANCHE I.

Considerant les trous faits dans le couvercle BE comme autant d'embouchures de Porte-voix, par cet instrument on rassemble le bruit, en le donnant à une moindre quantité d'air renfermé dans l'Acoustique; cette moindre quantité d'air étant ébranlée plus fortement, rend le son plus sensible.

1706.
N°. 110.
La courbure HG du baſſin peut encore contribuer à porter mieux le ſon de la voix, & la rendre plus diſtincte. Enſuite l'air renfermé dans le tuyau BC, étant auſſi ébranlé par la voix, communique ſon mouvement à l'oreille, appliquée en D, qui reçoit donc une impreſſion plus forte de la voix articulée en EB, ou même en tout autre point extérieur; mais pas trop éloigné de l'Acouſtique.

Un baſſin paraboloïde appliqué aux lanternes, réfléchit comme on ſçait les rayons de lumiére paralleles à ſon axe, n'ayant rien qui s'oppoſe au devant du baſſin; mais ici la voix qui ſe réfléchit ne peut ſortir, parce que non-ſeulement le couvercle s'y oppoſe; mais encore l'air extérieur qui le chaſſe, en l'obligeant à couler le long du côté du baſſin, où il trouve une iſſuë qui le conduit au bouton que l'on a dans l'orifice de l'oreille.

Cette Acouſtique ſe peut démonter en B, & en C, pour être commodément miſe à la poche.

ACOUSTIQUES

Acoustique.

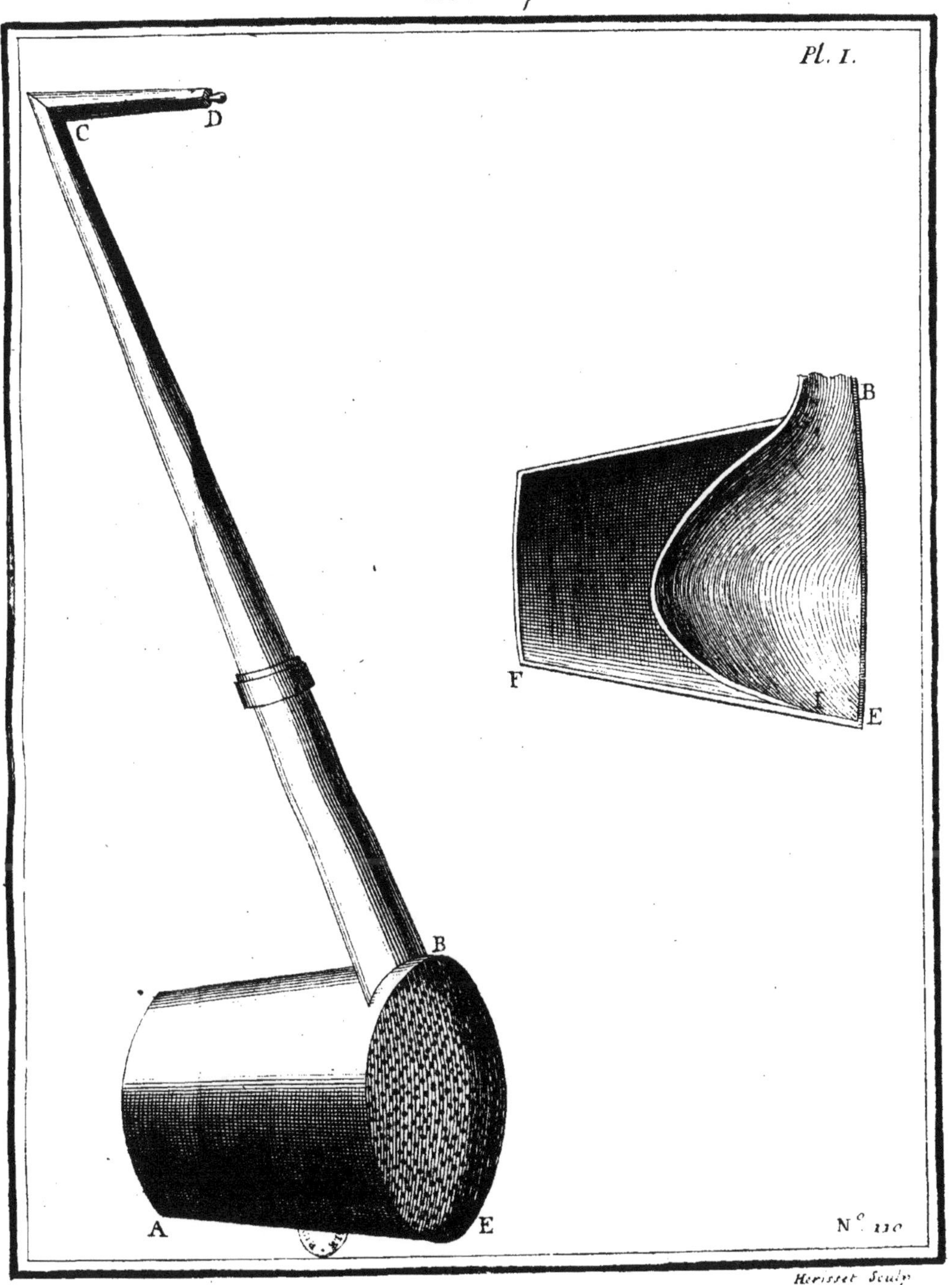

Herisset Sculp.

ACOUSTIQUES

INVENTÉES

PAR M. DU QUET.

1706. N°. III. PLANCHE II. FIG. I.

AB est un Cornet semblable à celui qui est décrit à la page précédente: cette *Acoustique* est ici appliquée à une canne faite en forme de bequille; la canne ne traverse point le Cornet; sa partie supérieure CD est creuse, & fixée sur la grande plaque AE; & la partie inférieure de la canne tient de même au fond BF: ce Cornet contient un bassin GHI semblable à celui qui est renfermé dans la premiére Acoustique; c'est-à-dire, dont le fond est à peu près paraboloïde: & ce fond conservant toûjours sa même figure, une partie de ses bords viennent jusqu'au-dessus de son foyer, pour former un tuyau coudé LMN, dont la tige LM est verticale, renfermé dans la tige CD, qui vient aboutir au petit tuyau P, lequel étant percé d'un trou, & mis dans l'oreille, fait entendre distinctement le bruit qui l'environne.

La deuxiéme Figure OPR est une Acoustique qui ne différe de celle-ci, qu'en ce qu'elle est faite pour être mise sur un chapeau. La pointe P se trouve sur le devant; les aîles de droite & de gauche se trouvent appliquées sur les côtés SR, SO; aux extrémités O, R sont des boutons semblables à ceux qui se trouvent pratiqués aux autres Acoustiques. Ceux-ci passent dans des trous faits à la forme du chapeau, & FIG. II.

1706. N°. 111.

vont se rendre dans les oreilles. Le dessus P de cette Acoustique est aussi percé de plusieurs trous, ausquels répond l'ouverture d'un bassin TVX, qui est d'une figure approchante de l'extérieur, dont les côtés faits en goûtiére vont se rendre aux boutons OR.

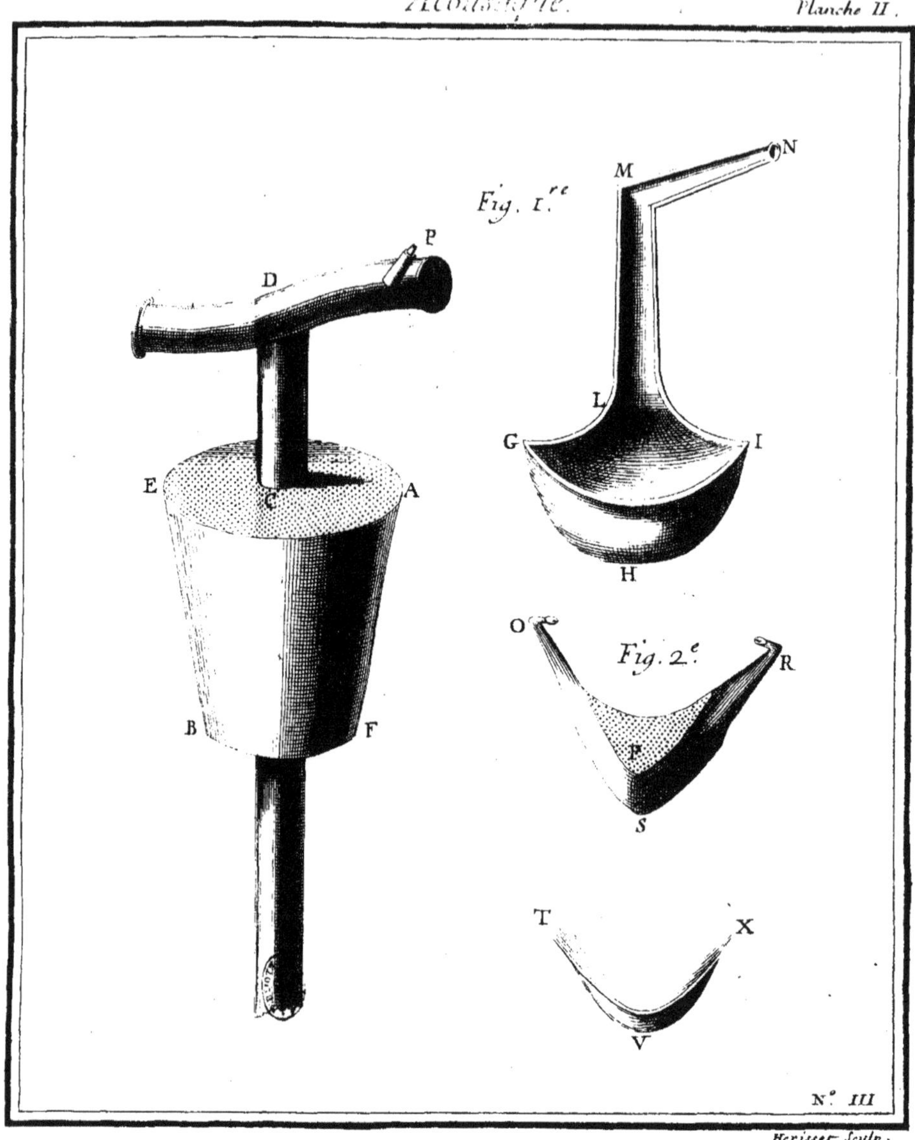
Acoustique.
Planche II.
Fig. 1.re
M
N
L
G
I
H
P
D
E
C
A
B
F
O
Fig. 2.e
R
P
S
T
X
V
N.° III
Herisset Sculp.

ACOUSTIQUES

INVENTÉES

PAR M. DU QUET.

AB eſt un Cornet comme tous ceux dont a déja parlé ; à la partie extérieure eſt une demie calote BCD, ſoudée à la moitié du pourtour du Cornet, & au tuyau EF, à l'endroit C. L'uſage de cette calote eſt de ramaſſer une plus grande quantité d'air, qui étant frappé & mis en mouvement, refluë dans le Cornet, au moyen des trous faits ſur le deſſus DEB. L'intérieur de ce Cornet renferme un baſſin HILM, aſſez ſemblable à ceux qui ſont contenus dans les Acouſtiques précédentes; c'eſt-à-dire, d'une figure à peu près paraboloïde, où l'air ſe réfléchiſſant dans le fond, eſt conduit par le tuyau M dans le tuyau extérieur EFG, dont le bouton G eſt placé dans l'orifice de l'oreille.

1706. Nº. 112. 113.

PLANCHE III.

Cette autre eſpéce d'Acouſtique eſt d'une figure propre à placer ſous la coëffe, & ſon uſage eſt deſtiné aux femmes. La partie CAED ſuit la forme du front ; & les branches CF, BG, deſcendent le long des côtés de la tête, & conduiſent les boutons dans les oreilles ; la coëffure eſt poſée par-deſſus. L'impreſſion de l'air ſe fait ſur le devant CED, percé de pluſieurs trous, & qui doit être à découvert. Cette Acouſtique eſt formée de deux piéces; telle que H, dont on a ôté le devant pour faire voir l'intérieur, qui contient une feuille de fer blanc coupée ſuivant la figure extérieure. Cette feuille eſt ſoudée ſur ſon chan, & on lui fait prendre

PLANCHE IV.

la courbure LM, qui réfléchit la voix dans l'ouverture N
1706. du tuyau, le long duquel elle coule & parvient au bouton.
N°. 112. L'Acoustique OP est pour Hommes; elle est faite en
113. forme de calote, construite aussi de deux piéces, celle-ci se place sous la perruque, & reçoit l'impression du bruit par le dessous, représenté en RQ. La Figure ST en fait voir la partie convexe; & la Figure OP, posée au-dessus du plan RQ, qui n'en représente qu'une, en fait voir la partie concave.

Il n'y a pas d'apparence que ces derniéres Machines ayent lieu. On aimera mieux entendre moins, que de paroître avec des coëffures, qui portées sur ces sortes d'Acoustiques ne peuvent manquer d'être fort bizares.

Acoustique

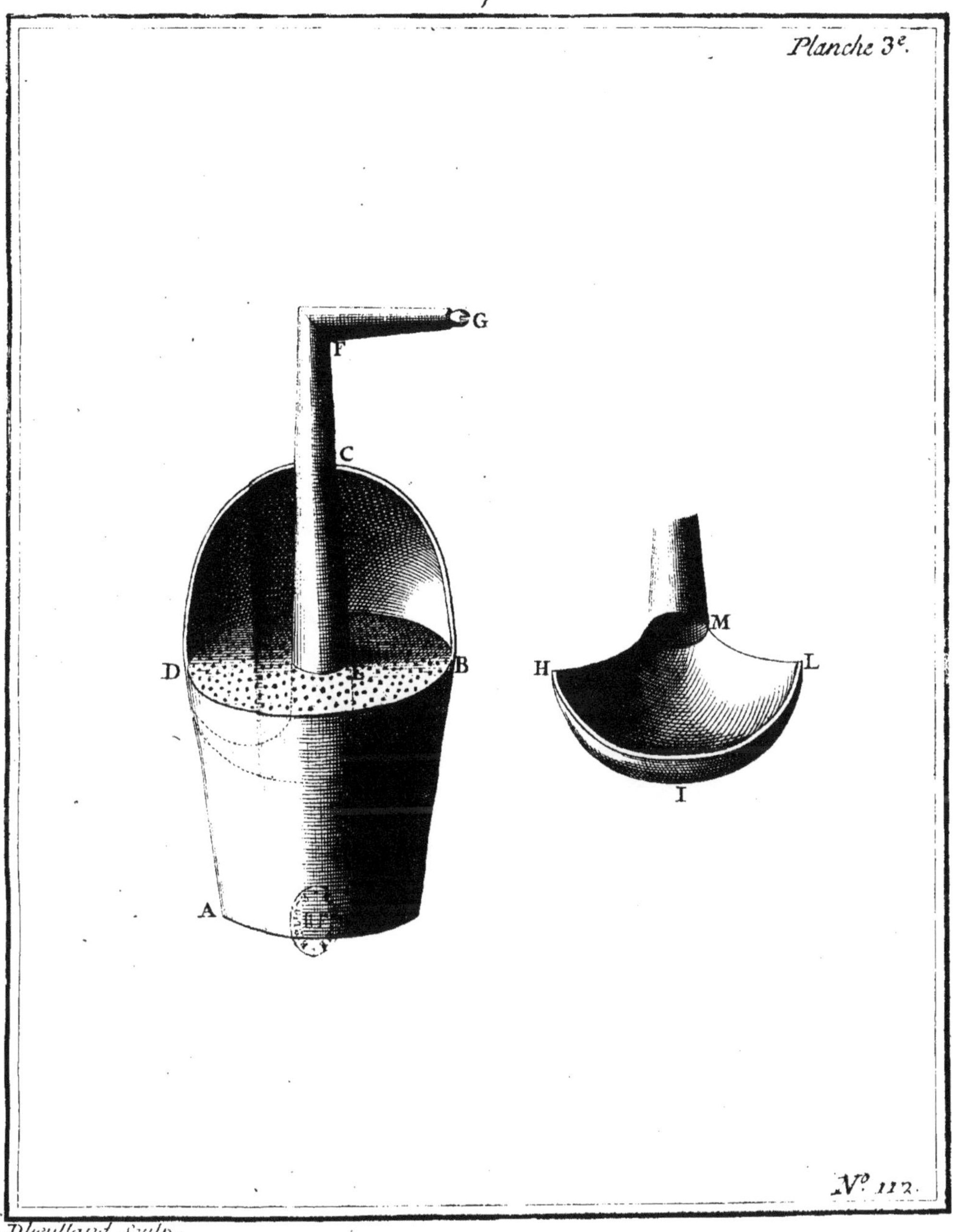

Acoustique.

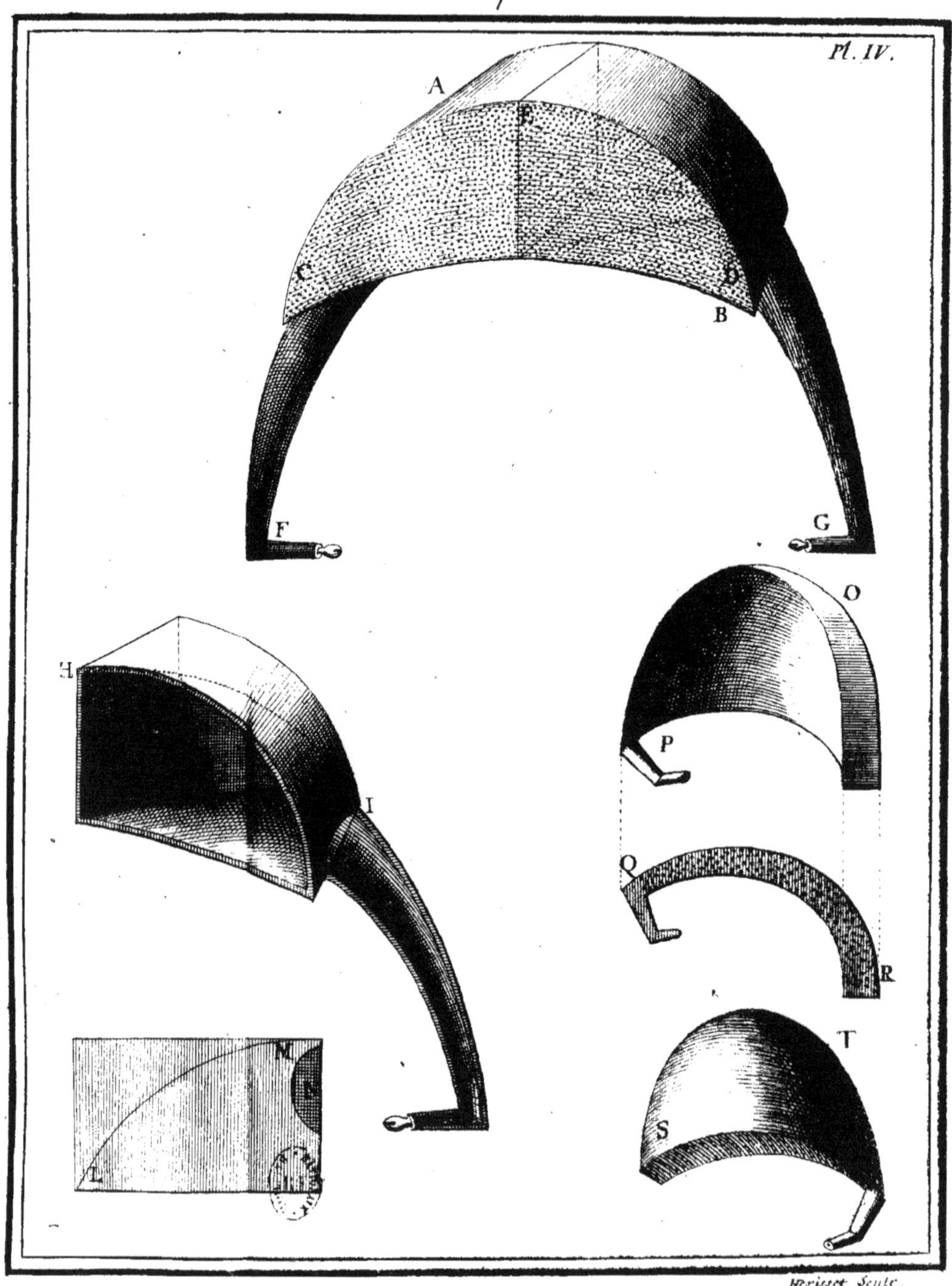

Herisset Sculp.

ACOUSTIQUE

INVENTÉE

PAR M. DU QUET.

1706.
N°. 114.
PLANCHE V.

A est le bout de l'Acoustique que l'on introduit dans l'orifice de l'oreille. La tige BCDE est le canal qui conduit le son à l'extrémité A. Le corps de l'Acoustique EFG s'applique sur le côté droit de la poitrine. La face ILGH qui se présente au bruit, est percée d'une grande quantité de trous, ainsi que celle dont on a déja parlé. Dans l'intérieur est une courbe NNL, à laquelle on doit donner la figure la plus propre à réfléchir le son, qui est conduit dans l'oreille par le canal IE, recourbé en DC, afin qu'il puisse passer sur l'épaule, & de-là à l'oreille, sans qu'on puisse l'appercevoir. On pourra donner à la courbe une figure parabolique, pour réfléchir la voix, & pour la faire mieux entendre à l'oreille. On parlera près de la Machine.

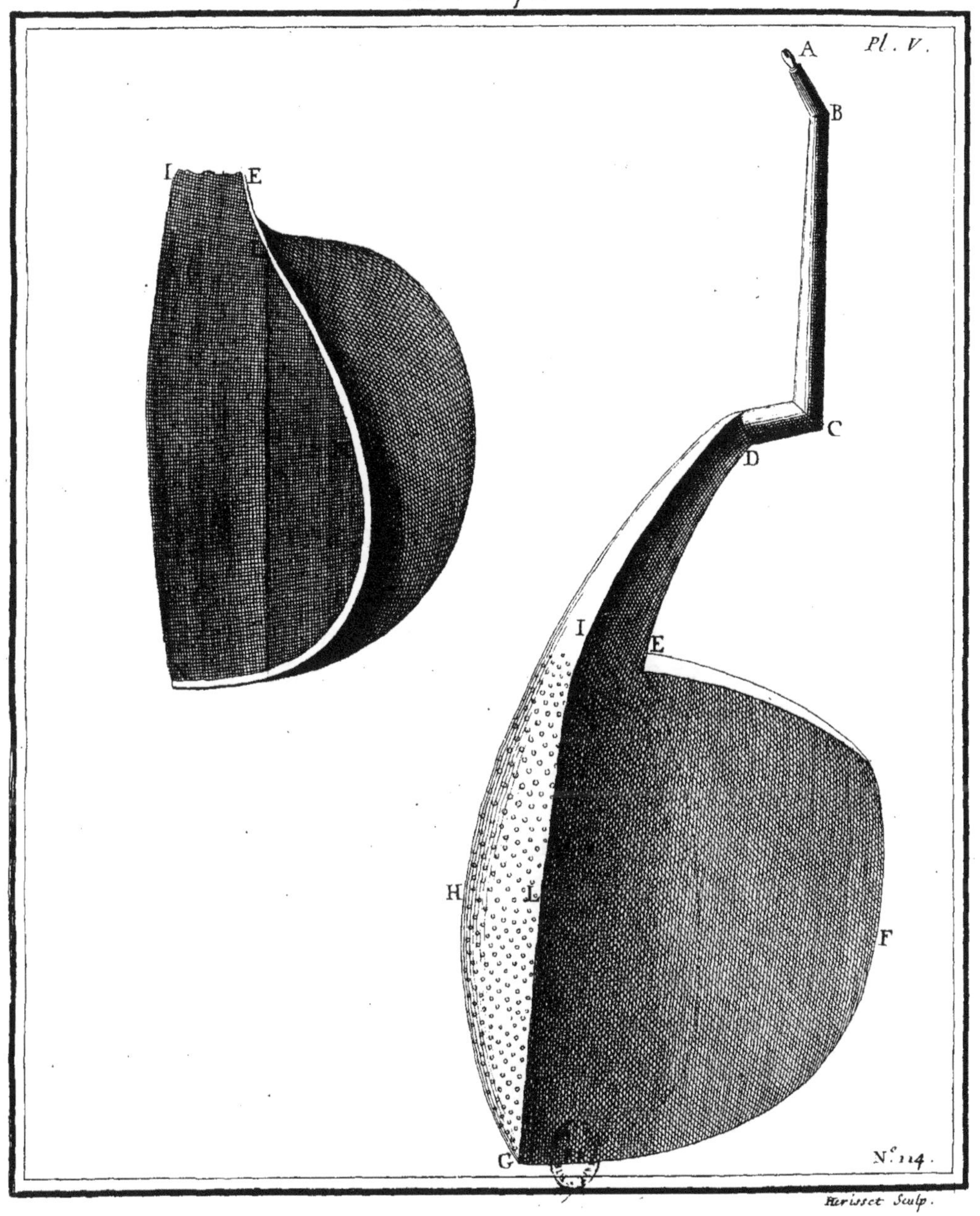
Pl. V.
A
B
C
D
I
E
H
L
F
G
N.° 114.
Herisset Sculp.

MACHINE
POUR
AUGMENTER CONSIDERABLEMENT
LE SON,
INVENTÉE
PAR M. DU QUET.

LE Cornet AB ne différe de ceux dont on vient de parler, qu'en ce que le fond C est arondi, en formant à peu près un paraboloïde. La plaque A est percée d'une grande quantité de trous; au milieu de cette plaque est placée la tige *DE*, à *laquelle est* un *ajutage* EF, que l'on introduit dans l'orifice de l'oreille : cette tige que l'on peut appeller tuyau, est prolongée. L'intérieur du Cornet porte un entonnoir GH, dont la plus grande ouverture se présente au-dessus de la concavité de l'Acoustique; il arrive par-là que l'air étant ébranlé par le bruit, il s'introduit dans le Cornet, & coule le long des côtés extérieurs de l'entonnoir, dans lequel il est renvoyé, en se réfléchissant au foyer de la parabole où il s'est ramassé. Les Cornets de cette derniére construction sont infiniment meilleurs, & font plus d'effet que les autres.

1706.
No. 115.
PLANCHE VI.

FAUTEUIL

Machine qui augmente le Son.

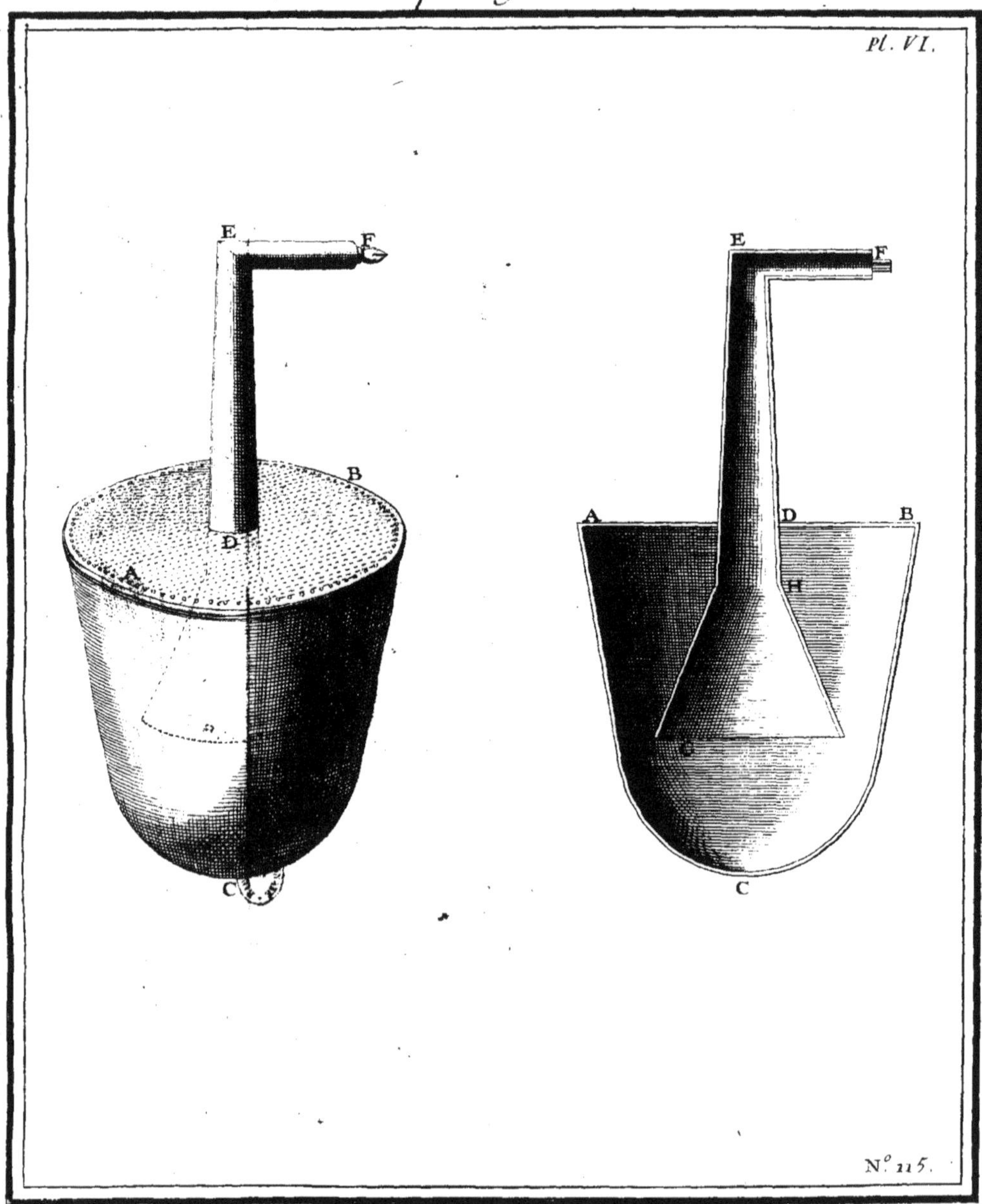

Herisset Sculp.

FAUTEUIL POUR LES SOURDS,

INVENTÉ PAR M. DU QUET.

ON applique à un Fauteuil ordinaire AB deux Acoustiques, une de chaque côté, semblables à quelqu'unes de celles que l'on a décrites plus haut. La surface CD percée de plusieurs trous, est enchassée dans une partie saillante reservée au côté extérieur du Fauteuil à l'endroit EF; & quand on veut se faire entendre de la personne assise, on parle à cet endroit. Le tuyau GH de cette Acoustique est compris dans la largeur de la jouë du Fauteuil, entre la fourure en IL. Le bouton M revient dans l'intérieur N du même Fauteuil, tel que l'on le voit au côté OP, opposé au premier EF. L'Acoustique CDR contient dans le fond intérieur de son Cornet R, un bassin S entiérement semblable au premier Acoustique; ce bassin est donc à peu près paraboloïde; un des bords vient pour former un tuyau T; ce tuyau étant recourbé, son bout V va joindre en H le tuyau de l'Acoustique. La personne assise mettra l'oreille d'un côté ou d'autre; par exemple, au côté OP, au bouton N que l'on peut voir; ce bouton étant dans l'orifice de l'oreille, on entendra facilement celui qui parlera au côté extérieur du Fauteuil. Cet effet est produit par les mêmes causes dont il a été parlé dans les Descriptions précédentes.

1706. N°. 116. *PLANCHE VII.*

Fauteuil pour les Sourds.

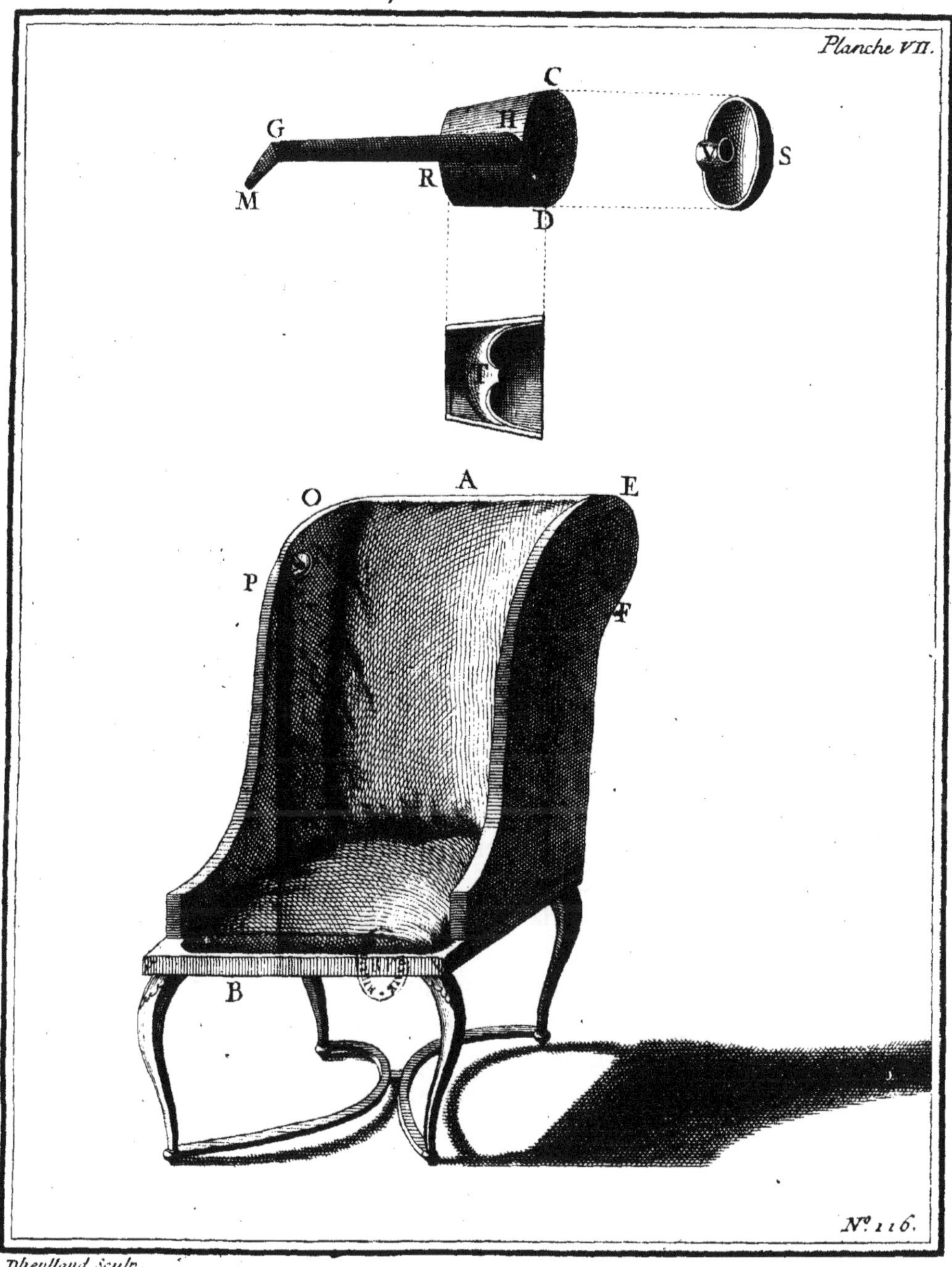

MACHINE
POUR ELEVER DES FARDEAUX,
INVENTÉE
PAR M.ʳ THOMAS.

CETTE Machine qui eſt encore une application du Cric déja décrit en 1703, eſt compoſée d'un bâtis de charpente AB élevé au-deſſus de la couverture d'une Car-riére; à ce bâtis eſt un treüil CD; à l'extrémité D eſt un pignon mené par une rouë dentée E, qui eſt elle-même menée par un ſecond pignon F fixé au moulinet HG: le poids P étant ſuppoſé à enlever, on le ſaiſit d'abord à la corde du treüil, enſuite on tourne le moulinet qui fait mouvoir ce roüage en faiſant circuler le treüil CD, autour duquel ſe *roule la corde* qui enleve la pierre hors de la Carriére.

1706. N°. 117.

Cette Machine n'eſt pas nouvelle, & n'a par elle-même que fort peu d'avantage. La rouë E ne ſert ici que de renvoi, & n'augmente en rien la puiſſance, cette rouë étant menée par deux pignons égaux; ainſi il ſera néceſſaire d'augmenter la longueur des barres du moulinet. Toute la commodité que l'on y trouve eſt de pouvoir placer le treüil aſſez haut pour faciliter la ſortie de la pierre hors le bâtis; car d'ailleurs il n'y a aucune direction de poids.

Machine pour Elever des Fardeaux.

Herisset Sculp.

RECUEIL
DES MACHINES
APPROUVÉES
PAR L'ACADÉMIE ROYALE DES SCIENCES.

ANNÉE 1707.

MOULIN
POUR FAIRE AGIR LES POMPES D'UN NAVIRE,
INVENTÉ PAR M. DU QUET.

CETTE Machine eſt une eſpéce de rouë de Moulin AB placée au côté CDE d'un Vaiſſeau. L'arbre FG de ce Moulin paſſe dans un ſabord de la batterie d'en-bas, ou dans une ouverture faite exprès. L'extrémité G de cet arbre porte une manivelle coudée GI, qui entre dans une ſeconde manivelle L fixée à un balancier MN qui eſt attaché par des pivots à un des baus du Vaiſſeau; ce même balancier porte un bras MQ, auquel tient l'extrémité Q du levier QRS mobile autour du point R qui tient à ſon autre extrémité S la tige du piſton de la Pompe TV.

1707. Nº. 118. FIG. I. II. & III.

Le Vaiſſeau étant à la voile, cette Machine eſt miſe en mouvement par le ſillage du Vaiſſeau; c'eſt-à-dire, par le mouvement que l'eau a par rapport à la vîteſſe du Vaiſſeau, d'où il ſuit que le Moulin AB tourne, & fait auſſi tourner la manivelle GI; cette manivelle chaſſe de côté & d'autre l'autre manivelle L, lui faiſant faire le chemin *ab*, ce qui ne ſe peut ſans que le bras OP ne faſſe auſſi le

1707. N. 118. mouvement vertical *c d*, par conséquent le levier SRQ qui tient à l'extrémité du bras P, hausse & baisse alternativement le piston.

Le même établissement se peut faire de l'autre côté pour la Pompe Y.

Moulin placé au côté d'un Vaisseau pour faire joüer des Pompes.

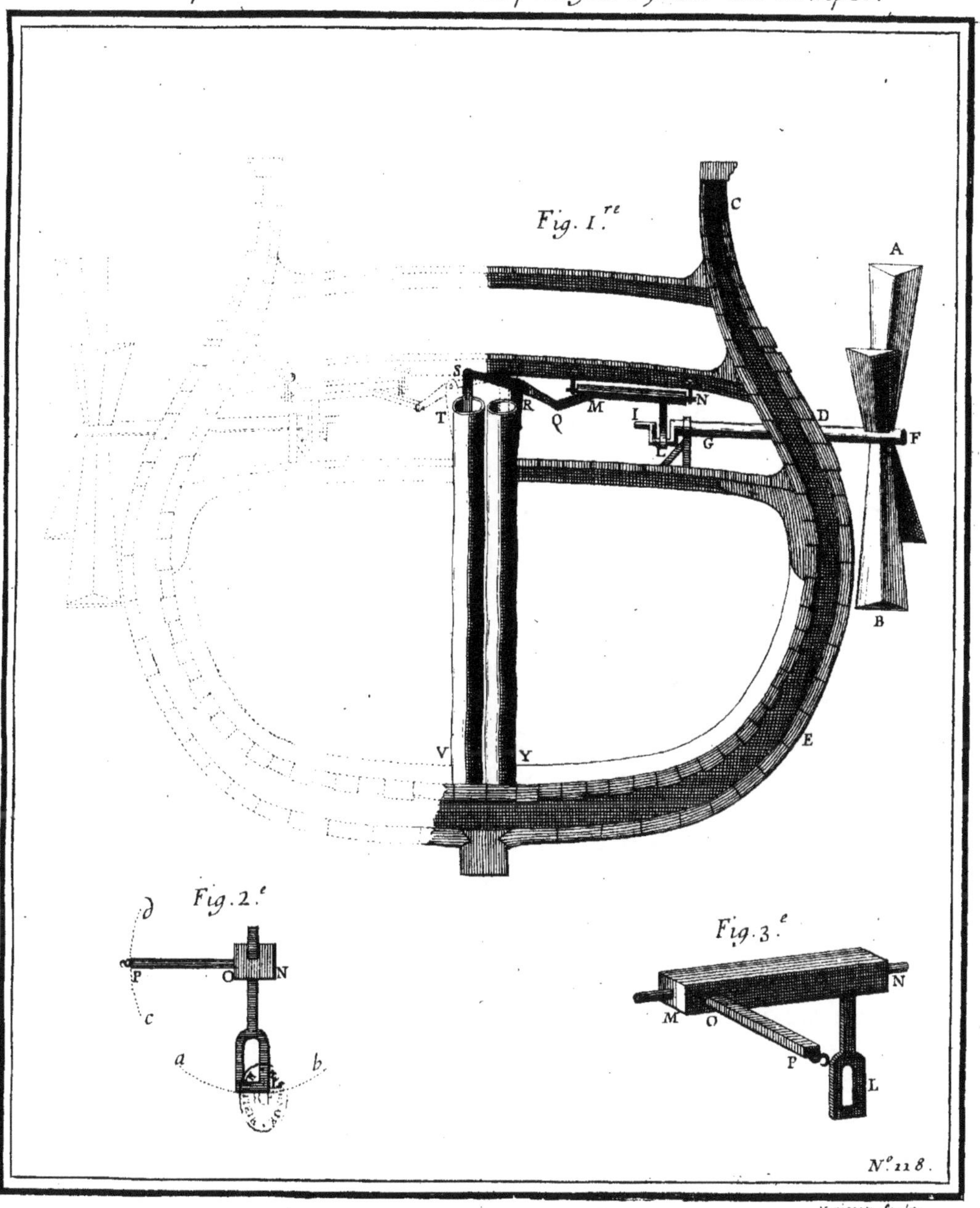

N°. 128.

Herisset Sculp.

CHAISE A PORTEURS,

INVENTÉE PAR M. L'ABBÉ WILIN.

1707. N. 119. FIG. I.

CETTE Chaiſe différe des autres, en ce qu'elle a la propriété de prendre telle ſituation que ſouhaite celui qui eſt dedans. La Mécanique employée pour produire cet effet conſiſte en ce qui ſuit. On n'explique que le côté apparent de cette Machine, le côté caché lui étant ſemblable.

Le coffre de la Chaiſe eſt garni d'un tourillon P, qui entre dans le bâton CE, où ce tourillon, qui eſt le point de ſuſpenſion, eſt arrêté extérieurement par une clavete. Ce bâton eſt percé de deux trous LM, qui ſervent de chape à deux poulies que l'on y renferme. Une troiſiéme chape F eſt élevée ſur l'épaiſſeur du bâton; dans cette chape eſt fixée une rouë dentée G, dans laquelle engrene un pignon H établi au côté de la Chaiſe; ce pignon porte à ſon centre un rouleau qui diminuë de groſſeur, & eſt prolongé dans l'intérieur du coffre, pour recevoir une manivelle telle que T, vuë dans le dedans de la Chaiſe au côté oppoſé à celui-ci. Sur le rouleau du pignon H, paſſe une corde qui fait

un tour ſur la circonférence, comme il paroît en N, & les
1707. bouts de cette corde paſſent ſur les poulies LM, & ſont
N°. 119. enſuite fixés à la baſe aux deux points B,I. L'uſage de cette corde eſt d'empêcher les balancements continuels qui arriveroient ſi le coffre de la Chaiſe n'étoit contretenu par quelque endroit, ce coffre n'étant ſuſpendu que ſur deux points. Cette corde ſert auſſi à rappeller toûjours l'engrenage du pignon ſur la rouë. Une ſemblable Mécanique
FIG. II. étant appliquée à une Chaiſe, voici de quelle maniére l'on pourra s'en ſervir.

L'on ſuppoſe, par exemple, que la Chaiſe ſoit portée dans une deſcente, pour lors les bâtons prendront néceſſairement la direction *c e*. Cette ſituation commune aux Chaiſes ordinaires ſe trouve ſuprimée dans celle-ci, parce que celui qui eſt dedans tournant la manivelle, le pignon H tournera pendant un eſpace ſuffiſant, pour mettre la Chaiſe droite au tour de la rouë G; & l'on voit que le pignon H étant parvenu en *h* vers la droite, le coffre de la Chaiſe a la pente ou ſituation Y *b i a* oppoſée à l'inclinaiſon du plan ſur lequel il eſt porté. Si au contraire l'on monte le long du même plan incliné, on tournera les manivelles d'un ſens oppoſé au précédent; le pignon étant parvenu dans ſon état naturel H, on lui fera faire autant de chemin en avant qu'il en avoit fait en arriére, & il viendra en *h* vers la gauche; alors la Chaiſe ſe trouvera droite par rapport à celui qui la fera mouvoir. Enfin ſi le plan eſt horiſontal, par les mêmes raiſons on prendra telle ſituation panchée que l'on ſouhaitera; enſuite on arrêtera en-dedans les manivelles à des crochets, de même que l'on arrête les manivelles des Crics ordinaires.

Les frotements qui ſe rencontrent dans cette Machine doivent procurer des mouvements rudes, & doivent renre cette Chaiſe d'un grand poids, & d'un entretien conſiderable.

On pourroit enfermer la Mécanique de cette Machine dans des doubles côtés, ou dans des espéces de coffres 1707. que l'on pratiqueroit aux côtés de la Chaise, ce qui N°. 119. ne la defigureroit pas extérieurement, sur-tout si on la bomboit.

Chaise à Porteurs.

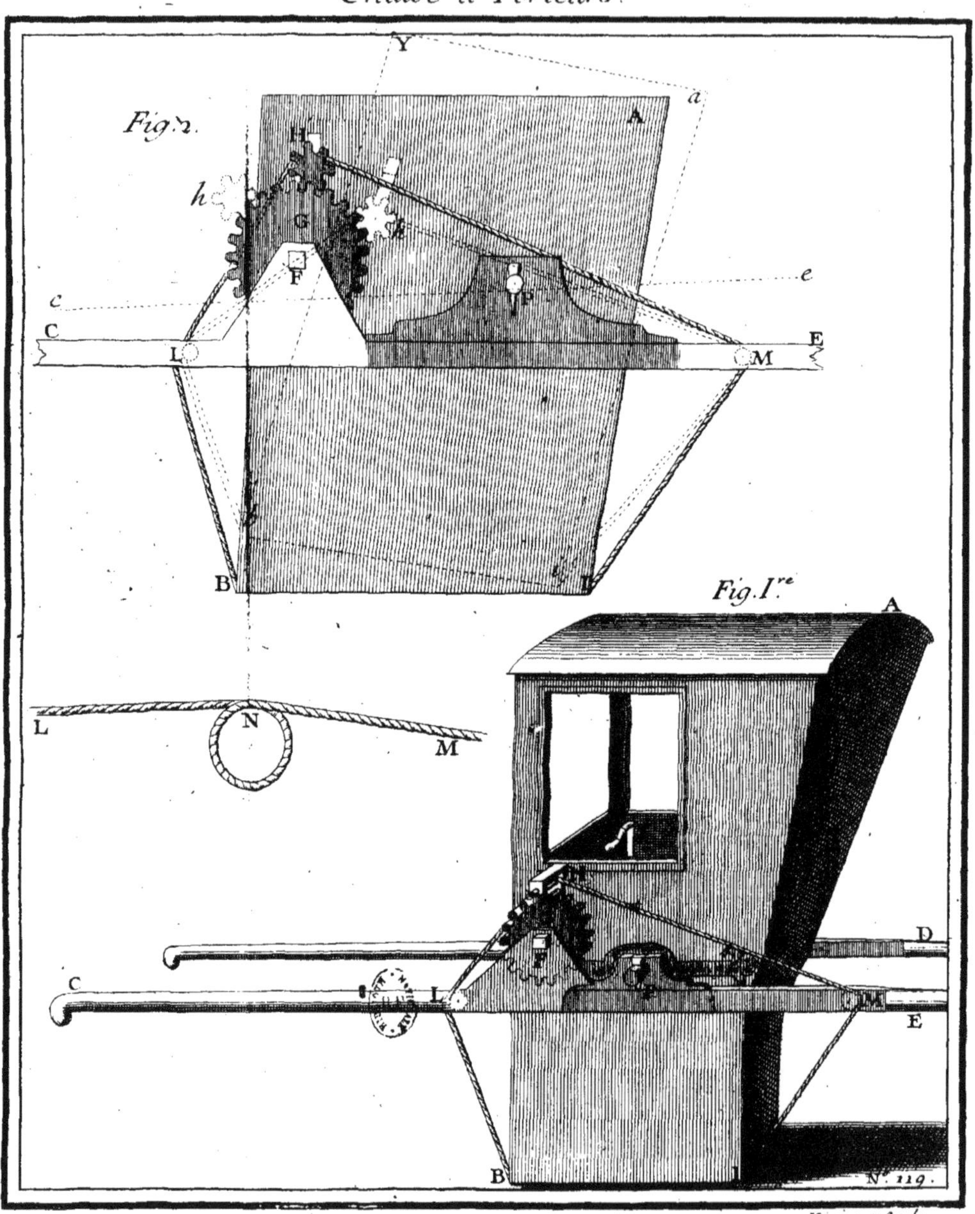

MACHINE

POUR REMONTER LES BATEAUX,

INVENTÉE

PAR M. LAVIER,

CE moyen de remonter consiste à appliquer à l'avant d'un Bateau un arbre AB qui le traverse, pris sur ses bords par des côtés, entre lesquels cet arbre puisse tourner librement sur lui-même; ce qui se fait au moyen de deux rouës de moulin CD, EF construites à ses extrémités. Aux mêmes endroits, c'est-à-dire, plus près du bord, sont fixées verticalement des barres recourbées par leurs bouts, comme 1, 2, 3, 4, & assujéties ensemble par des traverses, de maniére que les rouës exposant au courant les surfaces des aubans qui les composent, tournent nécessairement, & font enfoncer les barres de fer successivement l'une-l'autre, qui font autant de points d'appui dans le fond de la riviére, par conséquent poussent le bateau en avant : ainsi cette manœuvre appliquée au bateau chargé LM le feroit remonter, pourvû qu'on répondit de la nature du fonds de la riviére, de sa profondeur, & que cette profondeur fût toûjours la même.

1707. No. 120.

Machine pour Remonter les Bateaux.

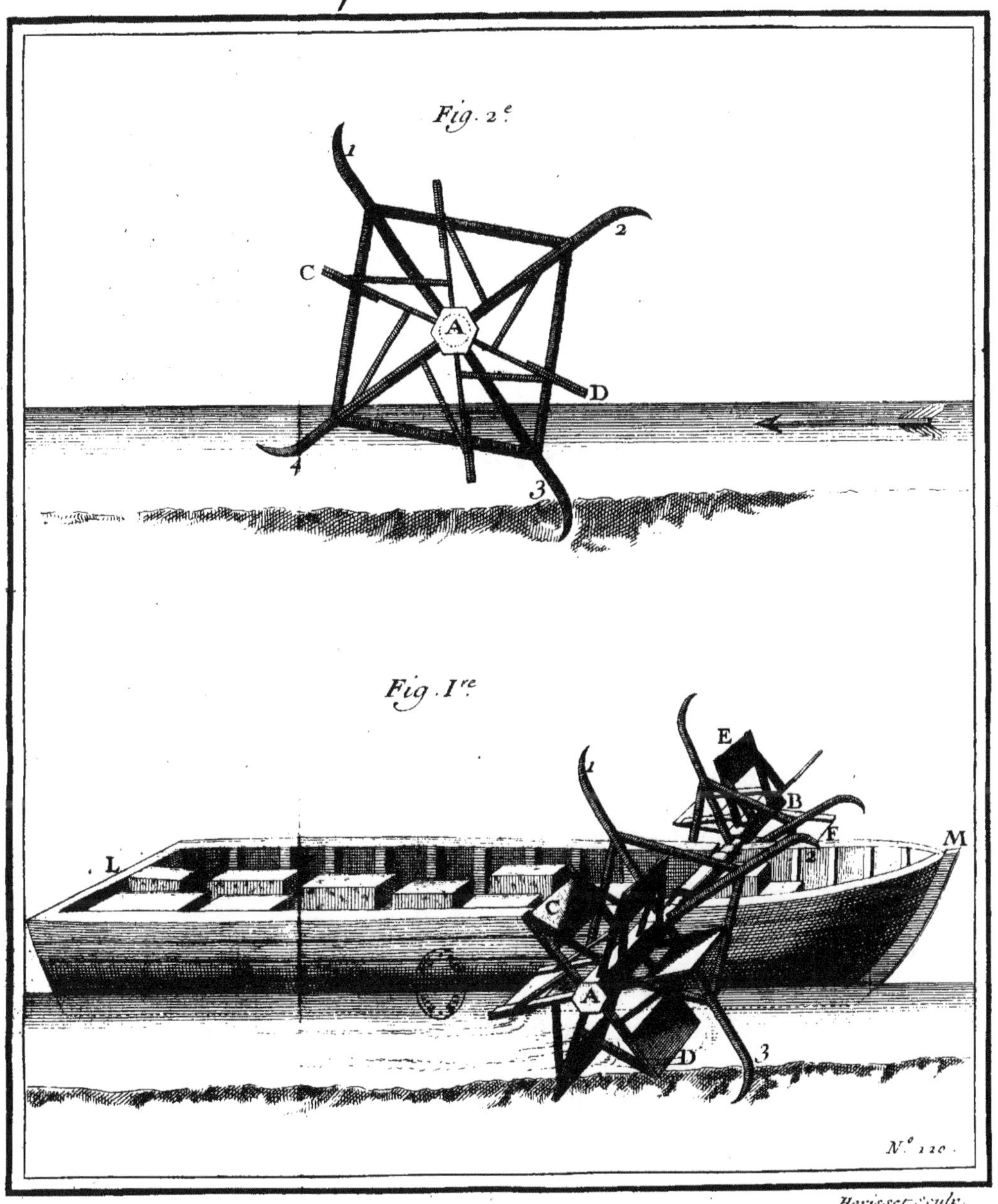

Herisset Sculp.

MACHINE

POUR FAIRE MOUVOIR QUATRE MOULINS A BLED TOUS A LA FOIS,

INVENTÉE PAR M. DE LA GAROUSTE.

CETTE Machine est une application du levier de M. De La Garouste, decrit en 1702. 1707. No. 121.

Au centre F de la rouë, l'on fixe un arbre FGH, soûtenu en G par un colet dans lequel il peut tourner librement. A l'extrémité H est une lanterne dont le pivot est soûtenu par un crampon fixement attaché à vis & écrous au plancher du bâtis; la lanterne H engrene dans la rouë de chan IL; cette rouë est fixée au centre d'une seconde rouë MN, de maniére que l'arbre leur est commun: cette derniére rouë mene quatre lanternes verticales, dont il n'y a que les deux O, P qui paroissent dans cette Figure. Au centre de ces lanternes on fixe les meules avec le reste de ce qui doit composer les Moulins, qui ne différent en rien des Moulins ordinaires. Faisant donc mouvoir le levier, il est clair que l'arbre de couche FGH tournant sur lui-même, fera aussi tourner les rouës horisontales, & les lanternes qui composent les Moulins.

1707. N° 121.

Quoique ce levier ait beaucoup d'avantage par lui-même, il est à propos avant l'établissement d'une pareille Machine, de considerer quelle est la resistance d'un Moulin ordinaire, & de voir quelle seroit la force nécessaire pour en faire mouvoir quatre tous à la fois. Cette force étant connuë, on construiroit le levier avec tous les avantages que le calcul exigeroit; si ce calcul donnoit un grand diametre à la rouë du levier, on auroit une lanterne qui seroit en même raison: ainsi cette Machine en ayant déja beaucoup par elle-même, il seroit à propos de tenir cette rouë la plus petite qu'il se pourroit, en répandant la force supprimée à cet endroit dans les autres parties de la Machine.

Quoique M. De La Garouste n'ait proposé de faire cette Machine que pour un usage particulier de son levier, il est aisé de voir que l'on pourroit dans un courant rapide y adapter une rouë de Moulin ordinaire.

PARASOLS

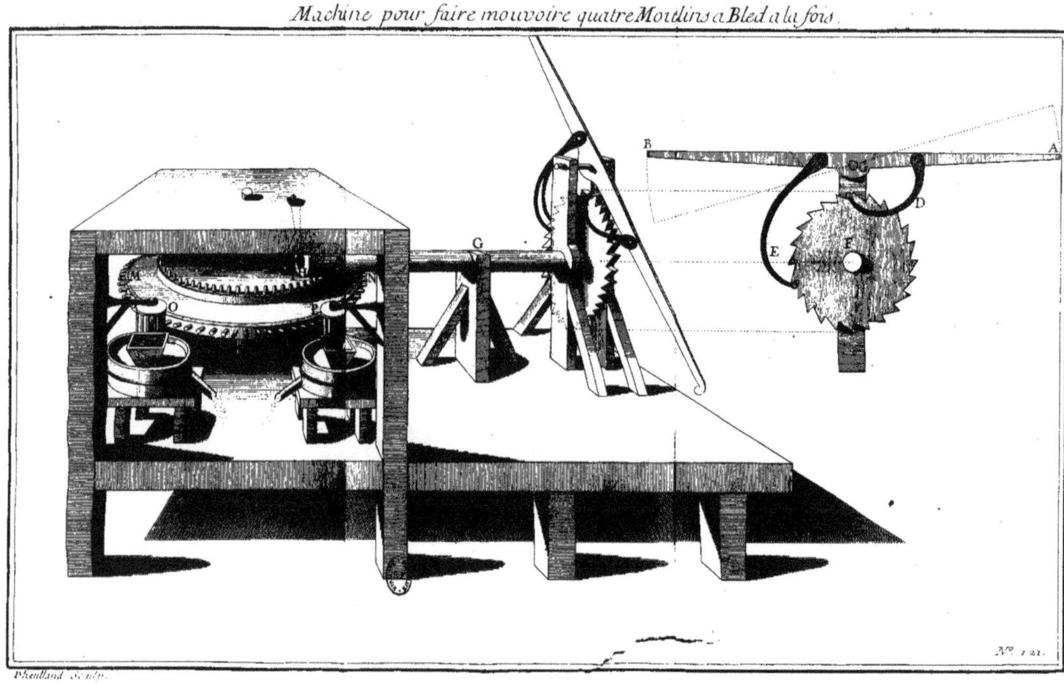

Machine pour faire mouvoire quatre Moulins a Bled a la fois.

PARASOLS OU PARAPLUYES PERFECTIONNÉS PAR M. MARIUS.

1707. N°. 122.

CEs différentes montures de Parapluyes font des fuites perfectionnées fur les inconveniens qu'on a reconnus dans les parapluyes du même Auteur, dont on a parlé ci-devant ; ces derniéres montures confiftent en plufieurs maniéres de tailler les bois propres à cet ufage. Par exemple, le brin ACB eft brifé en fon milieu, & affemblé à cet endroit au moyen d'une fimple charniére C; la tige BD eft pareillement brifée par fon milieu E; une petite pointe E fert à arrêter & à maintenir ces deux brins en les traverfant, au moyen de quoi la tige eft tenuë droite: cette tige étant pliée n'occupe de place que ce que repréfente la Figure notée par les lettres *edb* E.

La Figure GIHL repréfente une autre efpéce de tige; le brin inférieur eft partagé dans toute fa longueur en deux branches IH, IL, affemblées à la partie GI par une double charniére: ces deux branches s'uniffent, & ne forment qu'une feule tige. Le bois d'un Parapluye conftruit de cette façon, ne tient que le volume de la Figure marquée comme la précédente en lettres Italiques.

1707. N°. 122.

La Figure M, N, O, est une construction de brins que l'on attache à la tête du Parapluye, & sur lesquels on assujétit l'étoffe dont on le veut former : chaque brin est encore brisé dans son milieu N. La partie MN entre dans la partie PO; en-dessous de cette derniére il y a un ressort STV, fixé en T, & percé d'un trou à chaque extrémité; celui qui se trouve à l'extrémité S, est pour retenir le brin MN, auquel est reservé une espéce de bec qui entre dans ce ressort, & qui le joint avec le second brin PO. Un autre petit ressort X qui traverse le brin, sert à faire chasser le premier, en le poussant plus fortement vers le bec de la partie MN, de sorte que quand on veut plier ce brin après avoir lâché les ressorts, on plie la partie MN sur la partie NO, de maniére que le Parapluye se trouve plié comme ceux qui sont décrits ci-dessus, & ne tient pas plus de place.

La sujétion de détendre tous ces ressorts avec les mains, détruira la construction de cet assemblage, de sorte qu'on en reviendra toûjours aux premiers Parapluyes; c'est-à-dire, à ceux de 1705.

Constructions de Parapluye

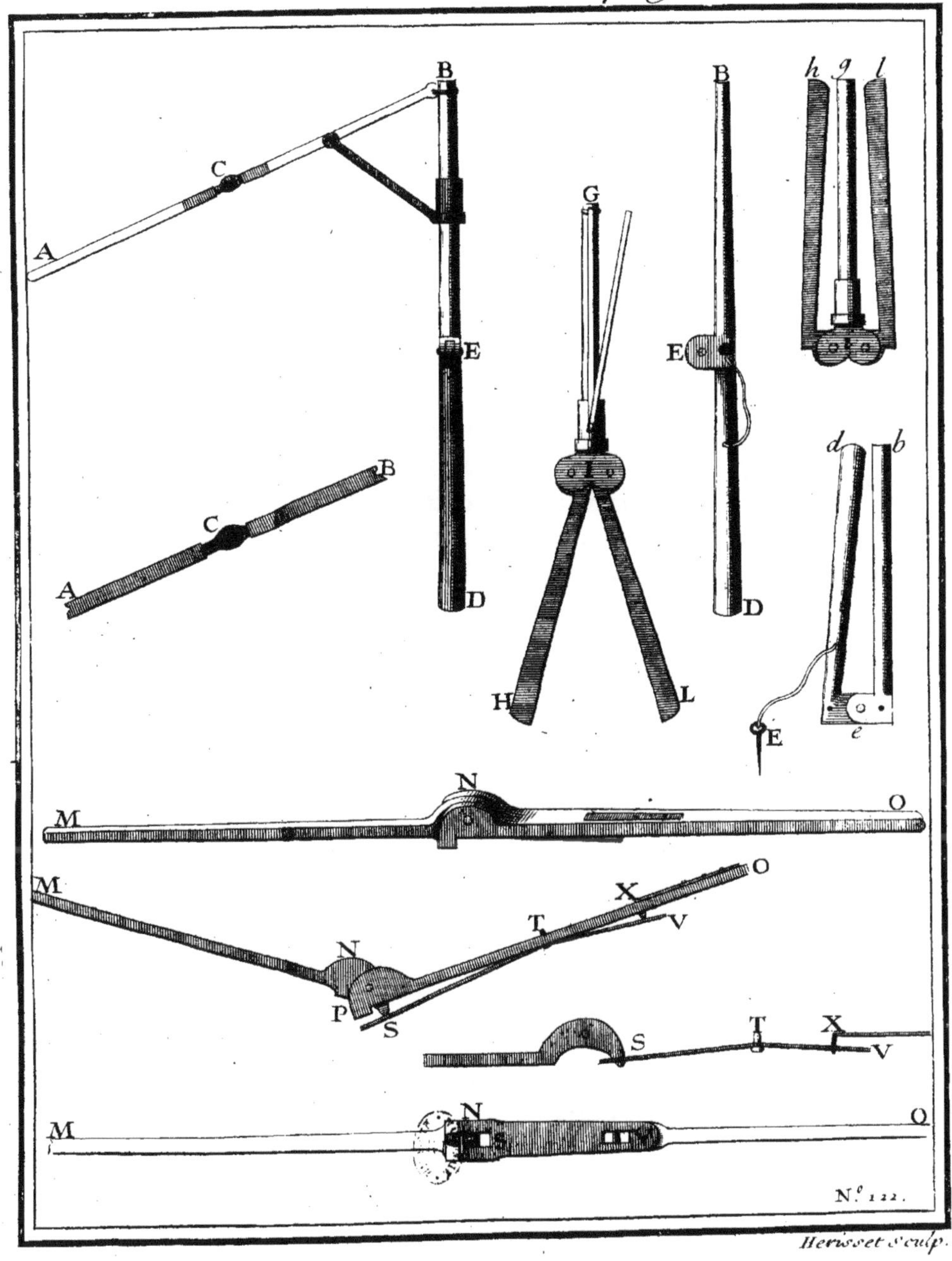

TENTES
PERFECTIONNÉES
PAR M. MARIUS.

1707.
N°. 123.

FIG. I.

LA premiére Figure repréſente la Tente montée & tenduë par le moyen des piquets qui paſſent dans des anneaux de cordes faits tout autour des bords inférieurs du coutil qui la compoſe; ces piquets ſont chaſſés à force dans la terre. Les extrémités de cette Tente ſont pareillement aſſujéties par des cordes qui ſe bandent, & qui s'attachent fortement à de ſemblables piquets.

A eſt la porte, auprès de laquelle eſt une ſéparation dans toute la largeur C, D, afin de compoſer deux logemens pour la commodité de ceux qui s'en ſervent.

FIG. II.

EF eſt le profil, où l'on voit que cette Tente eſt compoſée de quatre aſſemblages E, G, I, F; ces aſſemblages doivent être faits du bois le plus leger qu'il eſt poſſible. Toutes les piéces qui forment chaque aſſemblage tiennent les unes aux autres par des cloux, autour deſquels chaque piéce ſe peut mouvoir, par exemple, les deux montans LK, NM, autour de leurs cloux K, M, & les deux chevrons KO, OM autour du point O. Les crochets PQ, RS, ſont pour aſſujétir cet aſſemblage. La corde NL termine la largeur de la Tente.

Le coutil dont on veut ſe ſervir ſe clouë ſur l'épaiſſeur de ces aſſemblages.

Les avantages de cette Tente consistent;

1707. N°. 123. 1°. En la promptitude avec laquelle elle peut être tenduë.

2°. La legereté dont elle sera étant construite de bois leger.

3°. Le peu d'espace qu'elle occupera lorsqu'elle sera pliée en faisseau, comme la quatriéme Figure; elle sera même moins embarrassante si l'on veut dépasser les crochets qui fixent l'assemblage.

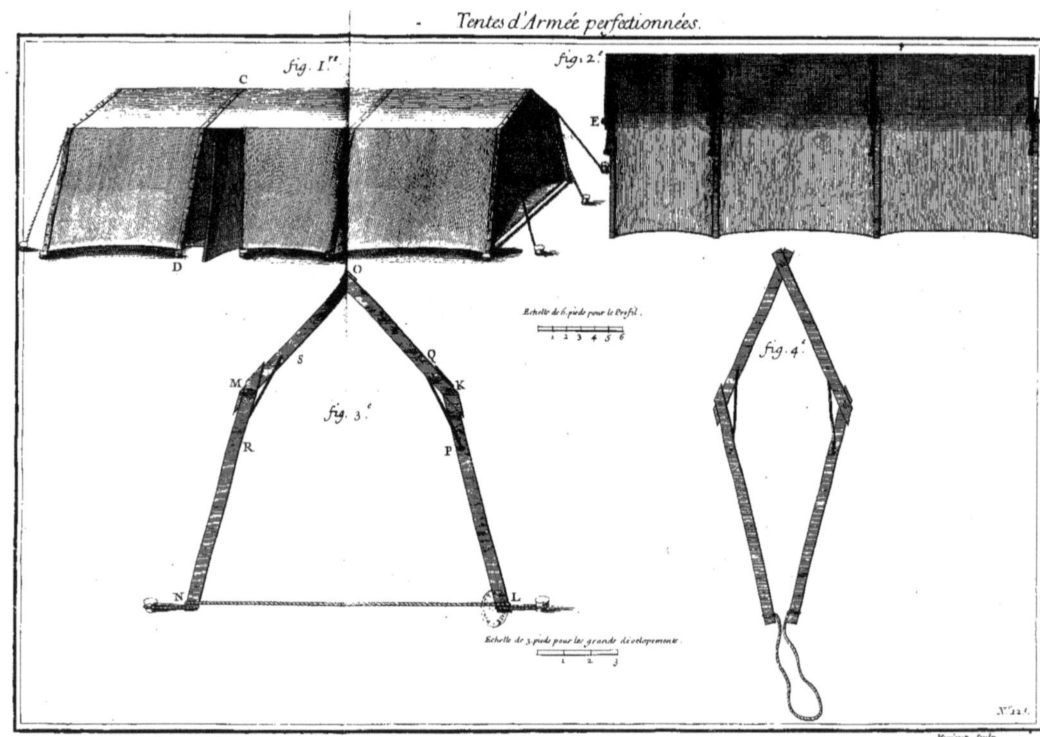
Tentes d'Armée perfectionnées.
fig. 1.re
C
D
fig. 2.e
E
O
Echelle de 6. pieds pour le Profil.
1 2 3 4 5 6
S
Q
M
K
fig. 3.e
R
P
N
L
fig. 4.e
Echelle de 3. pieds pour les grands développements.
1 2 3
N.° 22.
Harisset Sculp.

ÉPÉE
QUI SERT DE BAYONNETTE
AU BOUT DU FUSIL,
ET D'ESPONTON
AU BOUT D'UNE CANNE,
INVENTÉE
PAR M. DE LA CHAUMETTE.

AB eſt un Fuſil ordinaire, tarrodé ſeulement, ou
fait en vis à l'extrémité A, pour y recevoir un écrou fait à 1707.
la garde de l'Epée, qui eſt ſemblable à un couteau de N°. 124.
chaſſe. Fig. I.

Le plombeau C eſt percé en forme d'anneau; & la garde Fig. IV.
D porte l'écrou dans lequel entre le bout du Fuſil.

La même choſe ſe pratique pour s'en ſervir au bout de Fi.II.&III.
la Canne EF; c'eſt-à-dire, qu'une Canne GH étant ſuppoſée d'une grandeur convenable, on y montera une poignée L du même pas que l'écrou reſervé à la garde de l'Epée; & lorſqu'on voudra s'en ſervir comme d'Eſponton, on démontera la poignée L; enſuite on paſſera la

Canne dans l'anneau C, qui sera assujétie par l'écrou D
1707. de la garde.
N°. 124. On observera de faire cette Epée la plus legére qu'il se pourra, afin de ne pas rendre le Fusil trop lourd ; & par ce moyen le maniement de l'arme se fera avec d'autant plus de facilité.

Epée qui sert de Bayonnette, au bout du Fusil, et d'Esponton au bout de la cañe.

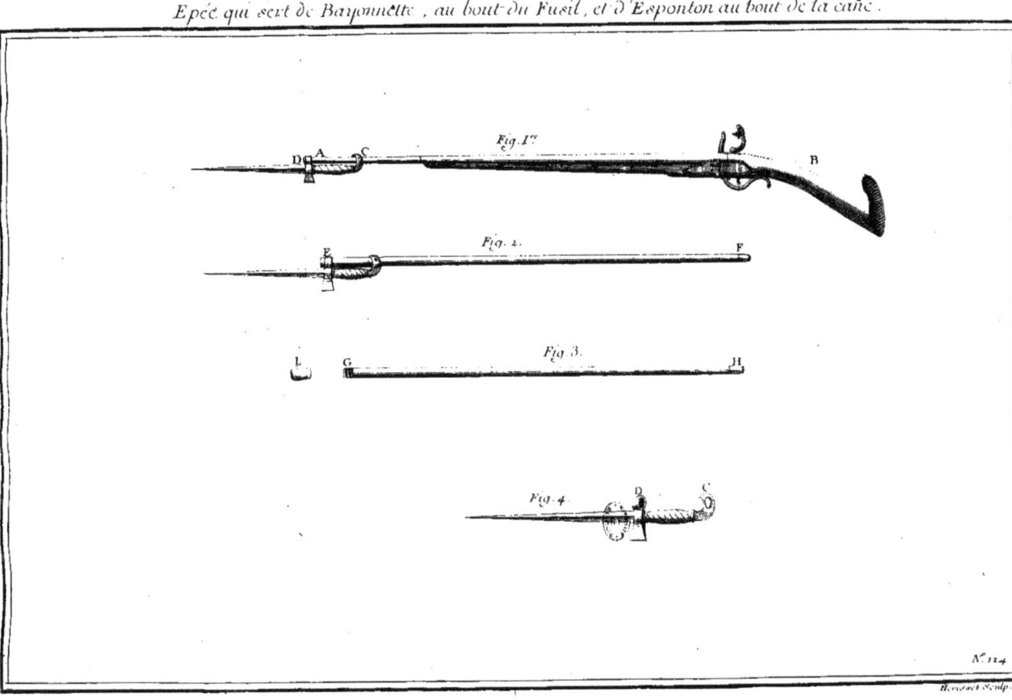

RECUEIL
DES MACHINES
APPROUVÉES
PAR L'ACADÉMIE ROYALE
DES SCIENCES.

ANNÉE 1708.

MANIERES

MANIERES D'ARRÊTER LES CHEVAUX QUI SE SONT EMPORTÉS, INVENTÉES.

PAR M. DALESME, DE L'ACADEMIE ROYALE DES SCIENCES.

1708. N°. 125. & 126. PLANCHE I.

ON dit qu'il eſt conſtant que des Chevaux qui ſe ſont emportés s'arrêtent tout-à-coup, ſi on leur jette ſur la tête quelque choſe qui les empêche de voir; cela ſuppoſé, voici une premiére maniére de produire cet effet. C'eſt un *cuir fin pliſſé comme il* eſt repréſenté en AB, au moyen de deux cordons CD, EF; deux autres cordons GI, HI, ſervent au contraire à l'abbatre, ou à le déployer. Ce même cuir ou voile étant ainſi plié, on l'attache avec les cordons M, N, à l'endroit P des harnois de la tête du Cheval. Les cordons CD, EF, ſe fixent en quelque endroit, afin de tenir le voile plié, cependant à nœud coulant; les deux autres HL, GI, vont paſſer dans des eſpéces de boucles ou anneaux faits à chaque côté du mors S, & viennent en I, ſe réünir en un ſeul brin; de cette maniére ſi le Cheval vient à s'emporter, l'on commencera

1708. N°. 125. & 126. par lâcher les cordons CD, EF; enſuite on tirera ſur les cordons *HL*, GI, & le voile étant abbatu couvrira le devant de la tête ou la face du Cheval, qui ceſſant de voir s'arrêtera néceſſairement, ſuppoſé le principe.

PL. II. FIG. I. & II. FIG. V. La ſeconde maniére conſiſte à appliquer au même harnois de la tête, & à chaque endroit qui ſe trouve à côté des yeux, une eſpéce de calote A attachée par des charniéres ſur la largeur du cuir, ou ſur un atelage fait exprès BDEF, où l'on voit l'extérieur des calotes AA. Dans l'intérieur de chacune eſt un reſſort G, dont un des bouts eſt fixé ſur la charniére, & l'autre bout paſſe dans un anneau
FIG. III. pratiqué dans le fond; de maniére que cette calote eſt toûjours rappellée en avant par ce reſſort. Au fond extérieur eſt un ſecond anneau auquel tient un cordon L, dont l'uſage eſt de retenir en arriére les mêmes calotes en façon de garde-vûë. Le cordon étant noué en M par un nœud coulant au reſte de la bride, ce même cordon revient dans les mains de celui qui tient les guides; moyennant quoi ſi les Chevaux viennent à s'emporter, celui qui les conduit tirera ſur les cordons; les nœuds une fois lachés, les reſſorts tireront les calotes avec force, en les appliquant ſur les
FIG. IV. yeux des Chevaux, ce qui leur bouchera abſolument la
FIG. V. vûë, comme un des deux ſe trouve repréſenté dans la quatriéme Figure.

La cinquiéme Figure eſt telle qu'elle ſeroit vûë par un Cavalier monté ſur le Cheval.

Ire. Maniere d'Arreter les Chevaux qui s'emportent

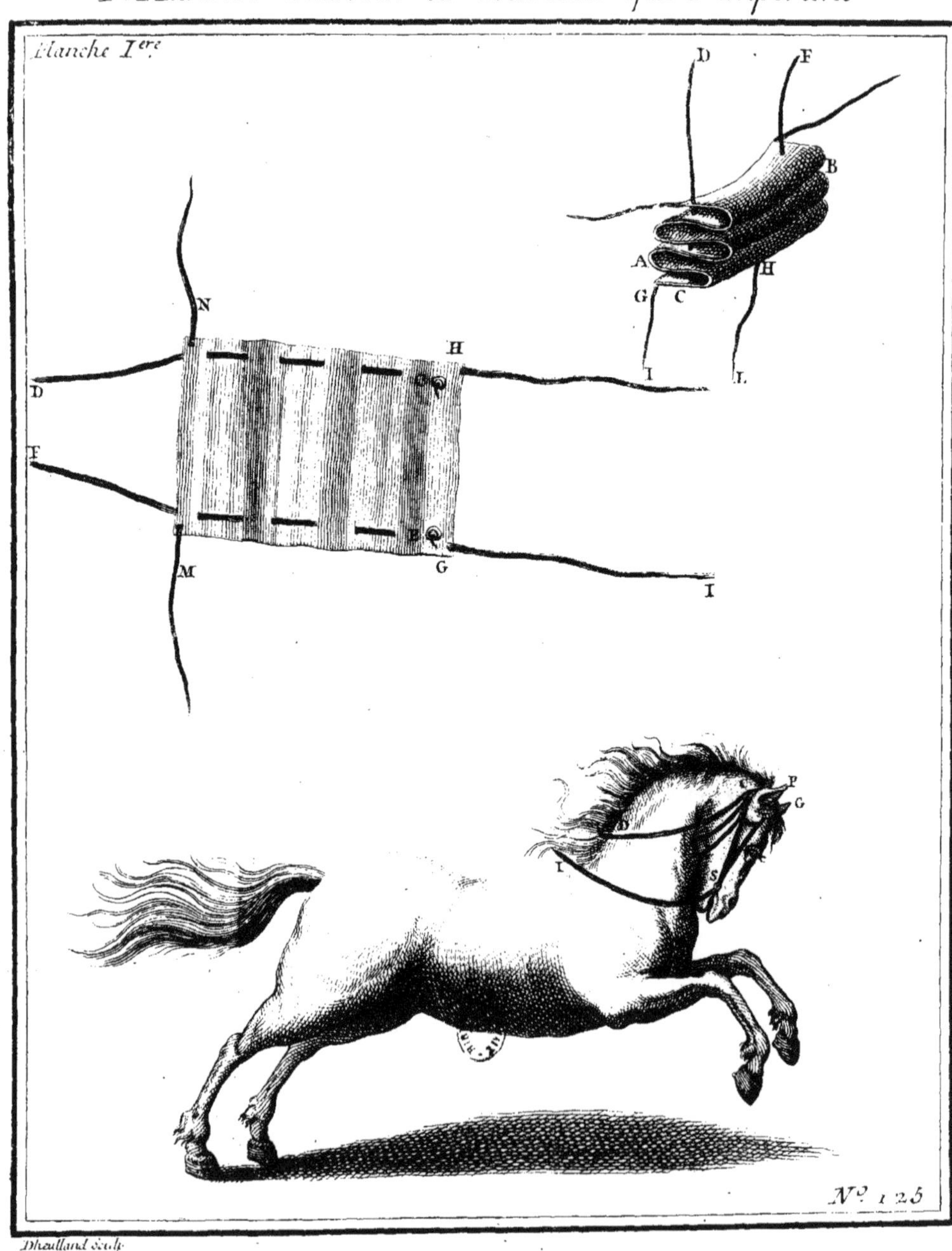

2e. maniere d'arester les chevaux qui s'emportent.

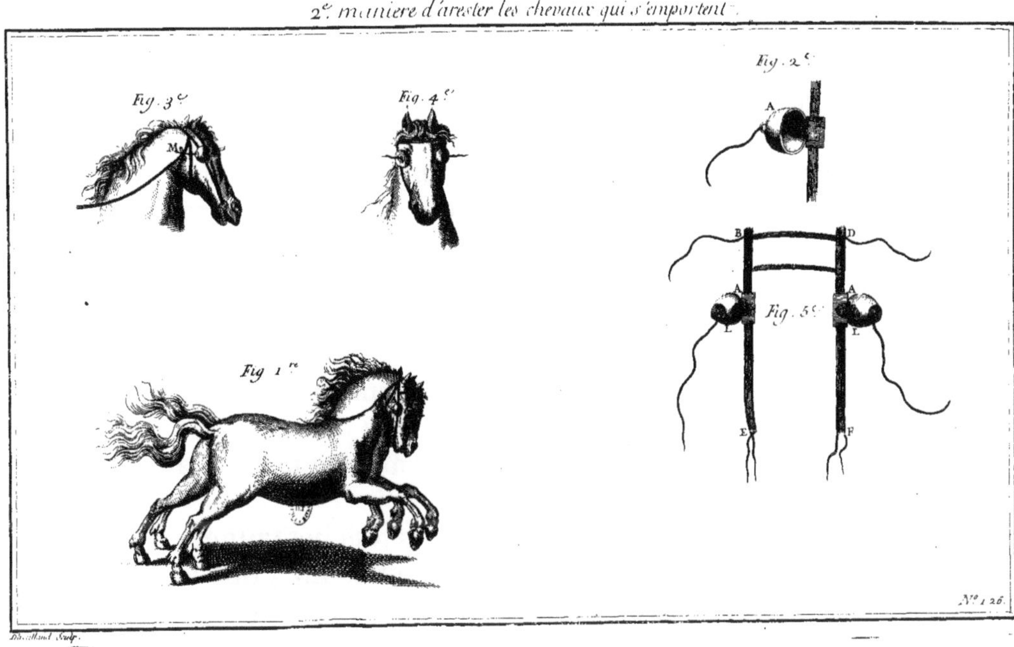

CLAVECIN
INVENTÉ
PAR M. CUISINIÉ.

CE Clavecin n'eſt autre choſe qu'une Vielle perfectionnée; la poſition des cordes eſt la même, & elles rendent le ſon au moyen d'une roue ordinaire, à l'arbre de laquelle eſt une manivelle comme dans la Vielle. Dans ces ſortes d'Inſtrumens on ne peut toucher que d'une main, parce que l'autre eſt occupée à tourner la manivelle de la roue. Ici au contraire on a les deux mains libres; & l'on tourne avec le pied, au moyen d'une pedale LP attachée par l'extrémité L au pied de l'inſtrument; l'autre bout P tient une piéce PR qui ſe joint à la manivelle, de même que l'on fait tourner un rouet. L'arbre de cette roue porte un balancier ST, afin de rendre le mouvement de la roue plus uniforme.

1708. N°. 127. Fig. I.

Le clavier AB eſt composé de pluſieurs touches rangées de même qu'aux Clavecins ordinaires; c'eſt-à-dire, que la touche C eſt ſupportée ſur la piéce DE par un petit étrier F, autour duquel la touche peut ſe mouvoir. A l'extrémité G de cette touche eſt un maillet H poſé verticalement, & fait en couteau; de ſorte que quand on appuye ſur l'extrémité C de la touche, le maillet H frappe la corde NO, & en tire le ſon. Il en eſt ainſi des autres. Fig. II.

L'on peut dire que cet Inſtrument conſiſte principalement dans une tranſpoſition des touches, qui au lieu de frapper la corde de côté, comme aux Vielles ordinaires,

1708. No. 127.

la frappent en-dessous, & que l'avantage qu'on en peut tirer est de jouer des deux mains, par ce moyen on a plus d'accords, & on pourra tirer des sons comme des tremblemens & autres qui seront plus gracieux que ceux que l'on tire des Vielles ordinaires.

Dans l'Histoire de cette Année 1708. *il est encore parlé de quelques Acoustiques de M. Du Quet, nous les avons jointes à celles de* 1706. *du même Auteur, comme on le peut voir, Planche VI. & Pl. VII. No* 115. *&* 116.

Nouveau Clavecin

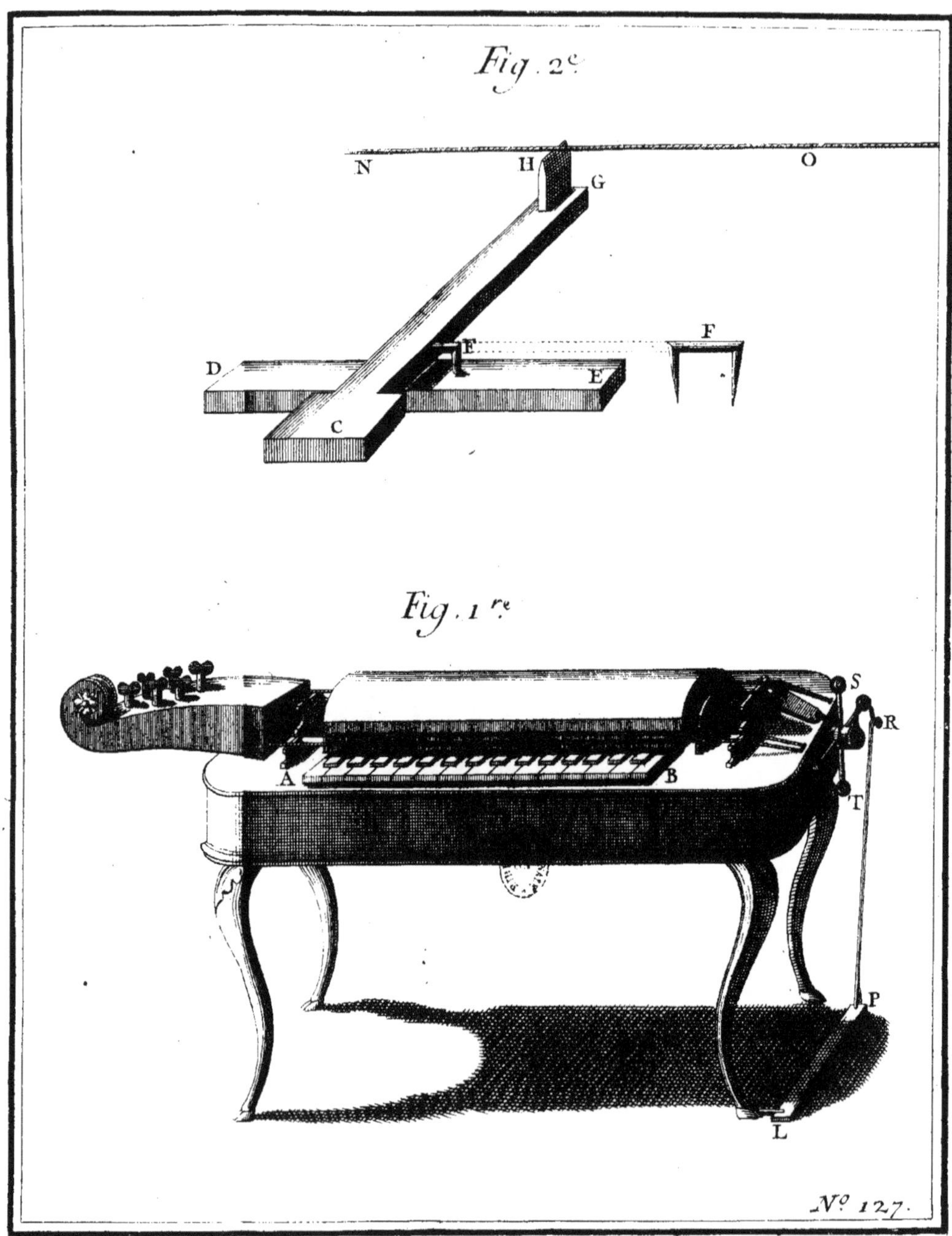

Dheulland Sculp.

RECUEIL
DES MACHINES
APPROUVÉES
PAR L'ACADÉMIE ROYALE
DES SCIENCES.

ANNÉE 1709.

MACHINE POUR FAIRE MOUVOIR DES AIGUILLES ÉLOIGNÉES DE L'HORLOGE, INVENTÉE PAR M. MOLARD.

LE Cadran AB étant ſuppoſé à une diſtance aſſez éloignée de l'Horloge qui mene la rouë C par le moyen d'un pignon qui lui fait faire ſa révolution dans 12 heures ; on placera ſur cette rouë un rochet H diviſé en *96*, qui fait mouvoir un tourniquet DE ou *def* mobile au point *e* ; cette rouë qui eſt entraînée par la rouë dentée C, ſur laquelle elle eſt fixée, fera mouvoir néceſſairement le tourniquet par le côté *ef* ; ce même rochet ne ſçauroit retrograder, parce qu'il eſt retenu par le cliquet *o*. L'on attache un fil de fer *dl*, qui ſert à communiquer le mouvement du premier tourniquet *def* au ſecond tourniquet *lm* mobile au point *m* ; ce dernier mene la rouë I de même nombre que le rochet H ; le rochet I eſt donc mobile ſur ſon centre, auquel eſt attachée l'Aiguille emportée par le rochet, qui ne peut tourner que de ce ſens, étant retenuë par un cliquet P.

1709. N°. 128. FIG. I & II.

Par cette conſtruction l'Aiguille ne ſçauroit aller par un mouvement doux & uniforme, comme les Aiguilles qui

tiennent immédiatement au mouvement; mais les rochets
1709. étant divisés en 96, la distance d'une heure à l'autre est
N°. 128. parcourue par l'Aiguille en 8 tems; & comme elle saute à tous les demi-quarts, il se trouvera dans ce mouvement assez de précision pour des Horloges publics; ce mouvement de l'Aiguille sera d'autant moins sensible, que le Cadran sera plus élevé.

La premiére Figure étant renversée dans la seconde, ou lorsque le rochet est joint au Cadran, il ne faut pas s'étonner si le rochet I paroît aller d'un sens contraire au mouvement de l'Aiguille.

PARAPLUYE

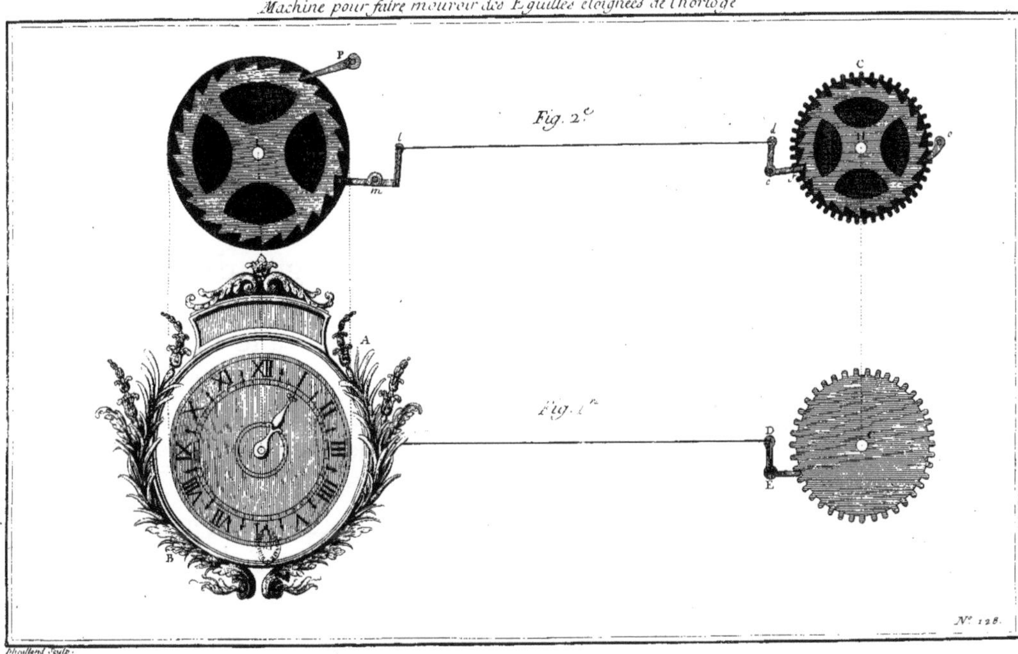
Machine pour faire mouvoir des Eguilles éloignées de l'horloge
Fig. 2e
Fig. 1re
P
l
m
C
H
d
e
D
E
A
B
N° 128.
Dheulland Sculp.

PARAPLUYE OU PARASOL BRISÉ, INVENTÉ PAR M. MARIUS.

LE Parapluye AB est représenté par cette Figure dans toute son étenduë; le cordon CD sert à le retenir 1709.
contre le vent quand il est tendu, & il sert aussi à le lier N. 129.
lorsqu'il est plié. Fig. I.

Ce Parapluye ne différe des Parapluyes ordinaires, qu'en ce que les brins & la tige qui le composent sont brisés dans leur milieu. Les parties des brins sont jointes ensemble par des charniéres, tel qu'est le brin EIF brisé en deux également, & réüni par une char- Fig. II.
niére I, au moyen de laquelle la partie EI se couche sur l'autre IF, suivant l'arc ELF; ce brin étant ainsi replié se rapproche de la tige, faisant le chemin IM: il en est de même de tous les brins dont le Parapluye est composé.

La maniére de l'étendre est aussi la même que celle qui se pratique pour les brins des Parapluyes ordinaires; c'est-à-dire, qu'un ressort H le fixe & l'arrête, après que la virole G a passé par-dessus: autour de cette virole sont chevillés les repoussoirs de chaque brin; ces mêmes brins sont

liés à la tête de la tige par un fil de fer, qui les enfile tous.
1709. La tige se brise en N, & se rejoint à la partie inférieure par
N°. 129. une vis, *ou* virole à coulisse.

La troisiéme Figure fait voir comme quoi tous les brins se ramassent autour de la tige.

On couvre ordinairement ces Parapluyes d'une étoffe *fort* serrée, comme du tafetas, ensorte qu'étant tendus ils ayent une roideur telle que l'eau ne fasse presque que rouler, dessus & ne pénétre point.

Enfin la quatriéme Figure est le Parapluye tout-à-fait plié, dont le volume n'est que de 12 ou 13 pouces de long sur 4 ou 5 de grosseur; & quand il est déplié il s'étend jusqu'à 4 pieds 6 pouces environ. Cette construction donne un Parapluye commode, & qui se peut facilement mettre dans la poche, aussi est-il fort d'usage.

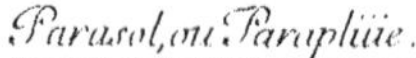
Parasol, ou Parapluie.

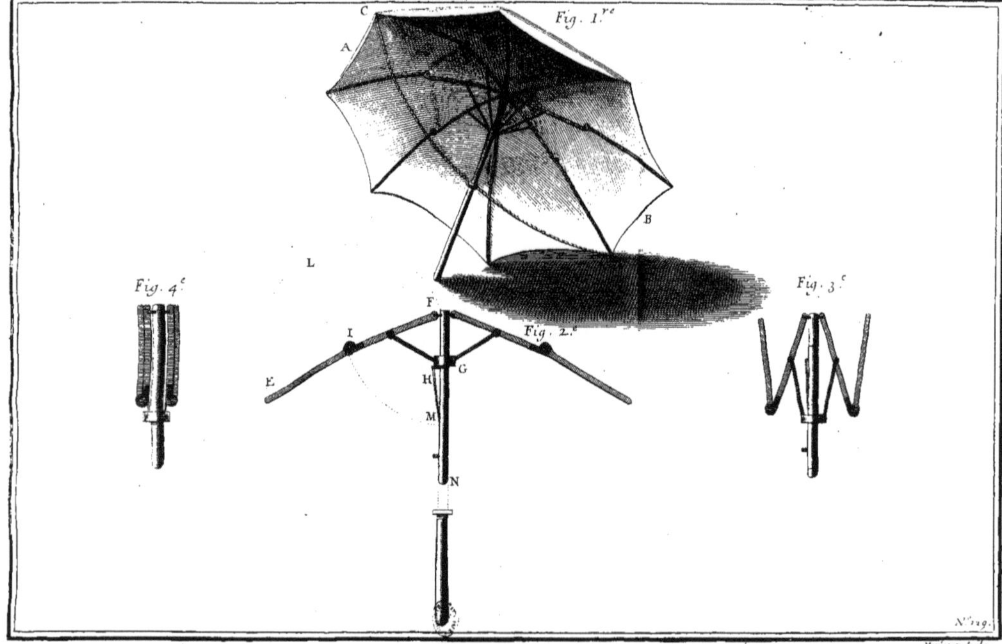

MAÇHINE

POUR

TIRER LES LOTERIES.

LA Méchanique de cette Machine eſt renfermée dans la boëte ABGHCDEF, elle conſiſte en des tambours X, V, T, dont la circonférence eſt diviſée en 10 parties, marquées par des chiffres depuis o juſqu'à 9; ces chiffres paroiſſent ſucceſſivement l'un l'autre par les ouvertures pratiquées ſur le deſſus de la boëte. Au centre des tambours ſont fixés des arbres qui portent de petites rouës dentées menées par de grandes rouës Q, R, S, fermement attachées ſur un grand arbre P O, qui tient à la fuſée M que le barillet N fait tourner par le moyen de la chaîne qui paſſe ſur l'un & ſur l'autre. Un rochet L garni de ſon cliquet eſt fixé à l'arbre de la fuſée; cette fuſée & l'arbre qui porte les grandes rouës ont un mouvement ſuivant la longueur de la boëte; c'eſt-à-dire, que les grandes rouës deſengrenent des petites, lorſque l'on remonte la Machine, ce qui ſe fait en pouſſant l'arbre de O vers P; ces mêmes rouës engrenent enſuite dans ces petites, en retirant l'arbre de P vers O. L'arbre du cliquet I porte intérieurement un ſecond cliquet qui tombe ſur le rochet de la fuſée. Les tambours ſont ſoûtenus par les ſupports Y, Y, &c, qui leur permettent de tourner librement ſur eux-mêmes.

1709.
N°. 130.

Lorſque l'on voudra ſe ſervir de cette Machine, on

1709. N°. 130.

bandera le reſſort, & on arrêtera les rouës par les cliquets des rochets, afin de faire engrener les grandes rouës dans les petites; enſuite on levera ces mêmes cliquets, & les tambours tourneront avec rapidité juſqu'à ce que celui qui fait tirer la Loterie les faſſe arrêter, en ordonnant que l'on rabate les cliquets: pour lors on aura un nombre tel que 367025439. Et comme l'on peut changer l'engrenage de tambours quand on veut, & qu'il n'eſt pas poſſible de compter les tours des tambours, il s'enſuivra qu'il ne pourra y avoir aucune ſupercherie. L'on pourra auſſi donner pluſieurs lots avant que la fuſée ſoit entiérement dévidée, & on ne doit pas remonter la Machine ſans changer les engrenages; c'eſt-à-dire, que pendant qu'on remontera la fuſée les petites rouës des tambours n'engrenant plus, on les fera tourner ſur eux-mêmes pour repréſenter d'autres chiffres que ceux qui ſont reſtés au dernier lot, & qui feront produits par le ſeul hazard.

Machine pour tirer les Lotteries.

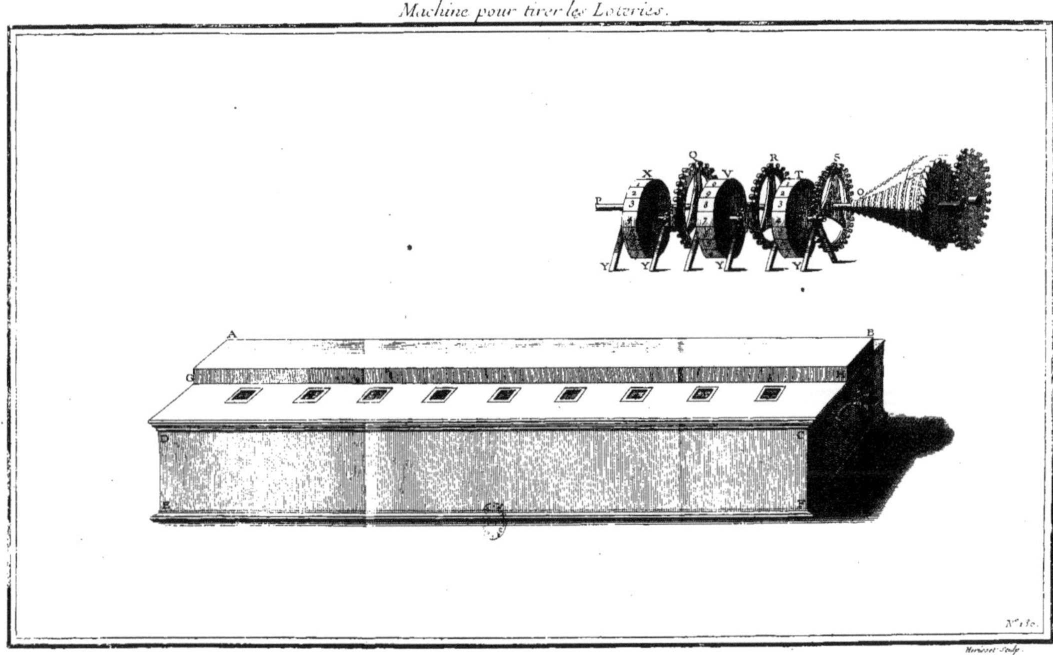

RECUEIL
DES MACHINES
APPROUVÉES
PAR L'ACADÉMIE ROYALE
DES SCIENCES.

ANNÉE 1710.

MACHINE
POUR MOULER
UN GRAND NOMBRE
DE CHANDELLES
A LA FOIS,
INVENTÉE
PAR MONSIEUR OLAINE.

1710. N°. 131. *PLANCHE I.* FIGURE I.

ACEBIH est un assemblage de charpente sur quatre montans C, *D*, *E*, *F*, *lié* par le haut de deux traverses à coulisses AG, HI, & assemblé solidement par le bas, le tout formant une figure prismatique.

Les entretoises du bas soûtiennent un vaisseau LM propre à recevoir le suif fondu qui dégorge par-dessus les moules; ces moules sont portés par une planche percée d'autant de trous cylindriques qu'il y en a au fond du coffre (que l'on expliquera ci-après;) ces trous doivent être espacés également. Il faut aussi que la planche entre aisément dans les coulisses, & s'y meuve de même, parce que la Machine demande un prompt service, afin de pro-

fiter de la liquidité du suif. Cette planche sera retenuë par
1710. quatre chevilles N, O, P, Q; & quand les chandelles
No. 131. auront été moulées, & que l'on voudra remettre une semblable planche, on observera de ne tirer que les deux chevilles du même côté, comme O, P; les deux autres NQ servent à arrêter & fixer la planche, pour que les entonnoirs se trouvent directement sous les trous du coffre : ce coffre est posé sur les feuillures reservées dans les piéces R, S, soûtenuës des quatre montans 1, 2, 3, 4, & antées sur les traverses AG, HI.

Cette Figure représente le coffre renversé. Les ouvertures du fond de ce coffre sont en même nombre que celles de la planche qui porte les moules, & aussi à distances égales; mais ces ouvertures sont beaucoup plus petites, & répondent précisément au-dessus des entonnoirs.

FIG. II.

A l'extérieur du coffre est un chassis *a*, *b*, *c*, *d*, mobile entre deux coulisses; ce chassis est composé d'autant de traverses paralleles *ad*, *bc*, &c, qu'il y a de rangées de trous. Ces traverses doivent s'appliquer le mieux qu'il est possible contre le fond du coffre, afin de mieux boucher les trous qui y sont pratiqués. Au milieu & aux extrémités de ce chassis sont trois écrous *e*, *f*, *g* attachés contre les barres du chassis; la vis *hi* est portée par la barre de fer *hl*, dans laquelle cette vis peut tourner; la manivelle *n* se place à l'extrémité I.

Quand on veut faire travailler cette Machine, on fait fondre le suif, & on le jette dans le coffre; & lorsqu'il s'en trouve suffisamment, on donne un tour à la manivelle *n*, & la vis fait marcher le chassis de *b* vers *a*, les trous sont alors débouchés, & le suif coule; & quand les moules sont remplis, on retourne la manivelle d'un sens contraire, pour faire revenir le chassis de *a* vers *b*, alors les trous se rebouchent pendant le changement que l'on fait de ces moules, qui consiste à remettre une semblable planche garnie d'une pareille quantité de nouveaux moules; par ce moyen on on a moulé un grand nombre de Chandelles en très-peu de tems. 1710. N°. 131.

La troisiéme Figure est un profil pris sur la largeur du coffre dans le milieu de sa longueur; c'est-à-dire à l'écrou *f*.

La quatriéme Figure est la même largeur plus en grand, où l'on voit le fond *c b* du coffre percé de 6 trous 1,2,3,4,5, & 6. *y z* est une traverse qui sert à boucher les trous.

ſu, extrémités des coulisses du chassis, dans lesquelles les traverses sont attachées par des vis.

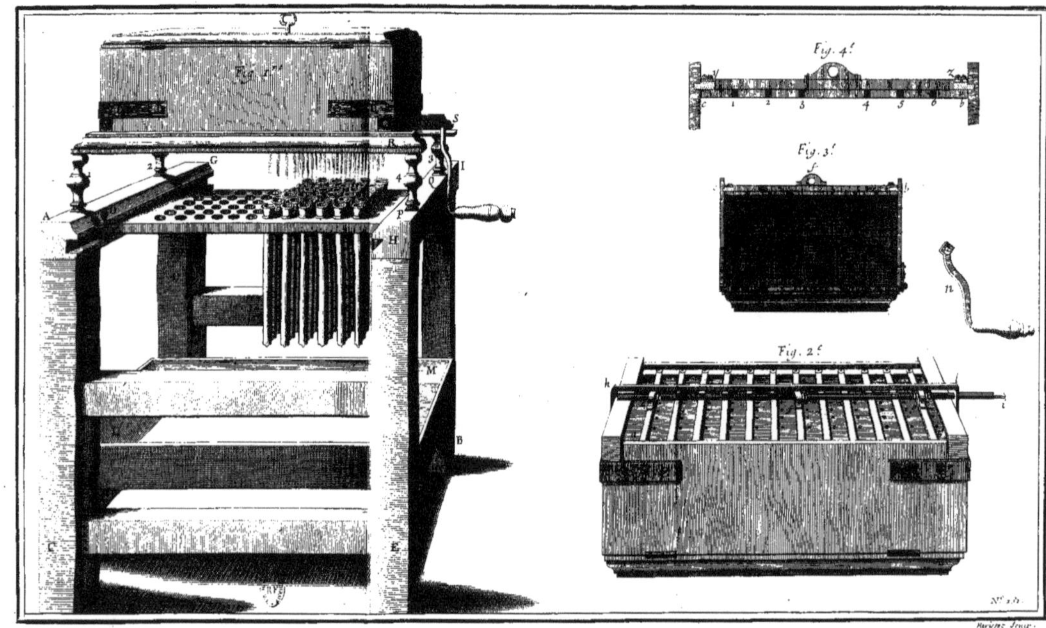
Fig. 1re
A
B
C
E
G
H
I
M
P
Q
R
S
2
3
4
Fig. 4e
V
Z
c
1
2
3
4
5
6
b
Fig. 3e
f
n
Fig. 2e
h
i

MACHINE
POUR COULER UN GRAND NOMBRE DE CHANDELLES A LA FOIS,
PERFECTIONNÉE
PAR MONSIEUR OLAINE.

1710.
N°. 132.
PLANCHE II.

LE coffre de la Figure précédente étant d'une grandeur & d'une compoſition qui rendroit la Machine d'un uſage aſſez difficile, voici une maniére de le ſimplifier.

La partie AB reſte toûjours la même; l'on ſubſtituë à la place du coffre une ſimple caiſſe CD, à laquelle eſt adapté un tuyau F garni d'un robinet G; ce tuyau tient à la chaudiére qui contient le ſuif fondu. Le fond de cette caiſſe eſt percé, de même que le coffre précédent, d'autant de trous qu'il ſe préſente de moules; mais au lieu d'un chaſſis avec ſes barres pour boucher ces trous, ce n'eſt ici qu'un double fond mobile HI, lequel a été percé avec le premier, de maniére que les trous répondent les uns aux autres. Ce

1710.
N°. 132.

fond étant à couliſſe, eſt appliqué exactement contre le premier par le moyen de trois barres LMN attachées de niveau avec les mêmes couliſſes. On a quatre chevilles 1, 2, 3, 4, qui tiennent à ce fond, & qui s'arrêtent contre de petits rebords qui anticipent ſur le fond; ces chevilles ſervent à déterminer le chemin de ce fond, & à l'arrêter, ſoit qu'on veuille boucher ou déboucher ces trous. La Figure OP eſt un profil pris ſuivant la largeur de cette caiſſe, où l'on voit les deux fonds poſés l'un ſur l'autre.

Ce moyen de mouler les Chandelles eſt préférable au premier, en ce que, 1°. le grand coffre, avec ſon chaſſis à vis, les écrous, & la manivelle ſe trouvent ſuprimés. 2°. Par le moyen du tuyau & de ſon robinet, on ne donnera que la quantité de ſuif néceſſaire, & n'en reſtant preſque point dans cette caiſſe, il ne ſera point ſujet à ſe figer, au lieu que dans le grand coffre le ſervice demande beaucoup de promptitude; & dans celui-ci le changement des moules ſe peut faire ſans précipitation, puiſque le ſuif eſt dans la chaudiére, où l'on entretient ſa liquidité.

Machine a Couler un grand nombre de Chandelles a la fois.

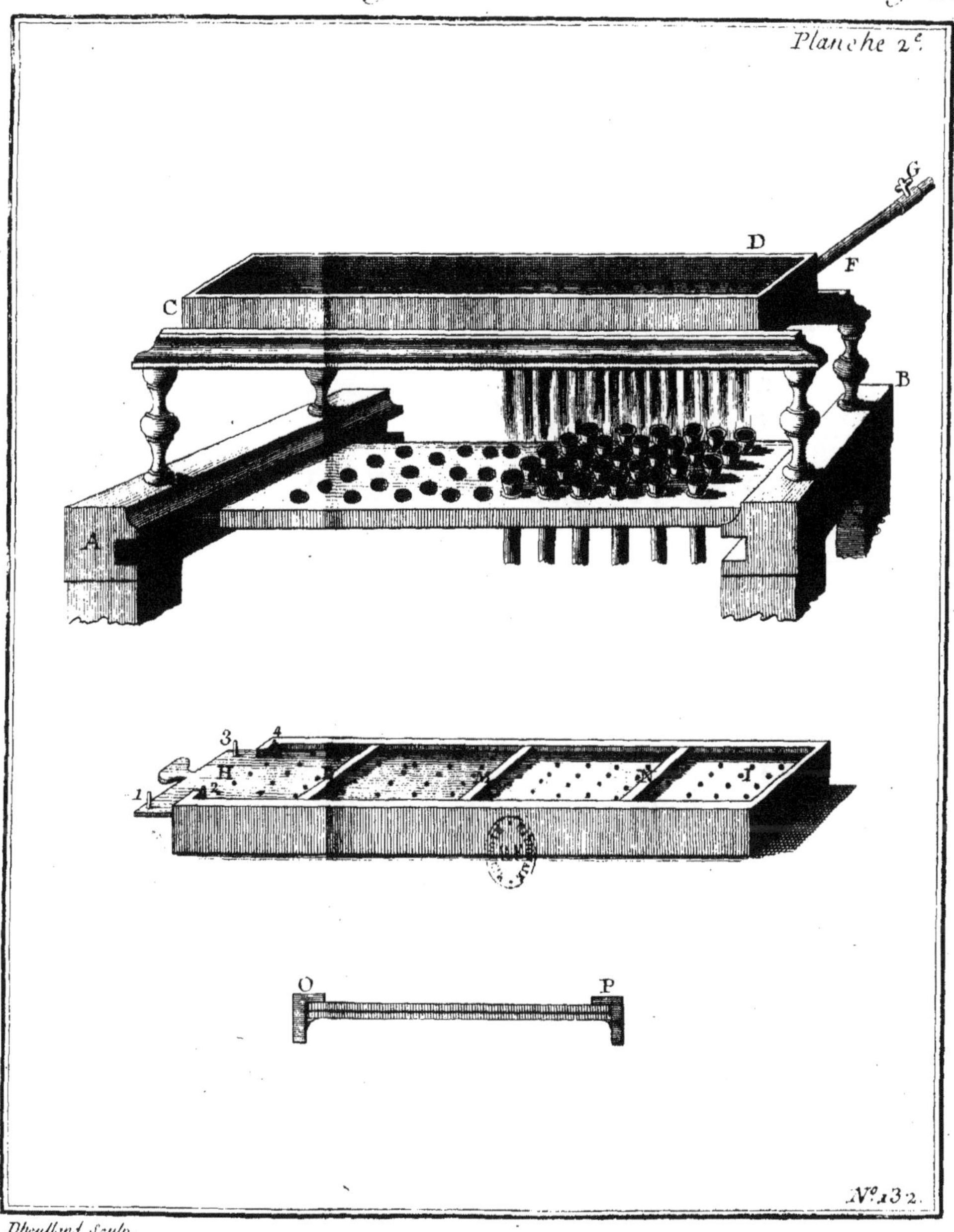

Dhoulland Sculp.

FAUTEUIL MOBILE
SUR
DES ROULETTES,
INVENTÉ
PAR M. BEZU.

LA plate-forme AB porte un Fauteüil CD qui lui est fixé; cette plate-forme est elle-même supportée par trois rouës ; deux E,F servent à la faire mouvoir, & la troisiéme G sert à la diriger. 1710. N°. 133.

Dessous le siége du Fauteüil, tout-à-fait près des pieds de devant, est un arbre quarré HI, assujéti parallelement au devant du siége dans deux colets emmortaisés aux traverses du *Fauteüil : cet arbre* peut se mouvoir sur lui-même, au moyen de deux manivelles ML, qui sont aux extrémités. Dans le milieu du même arbre est fixée une poulie N, dont la circonférence est armée de pointes de fer espacées à distances égales l'une de l'autre ; & dans le même plan vertical de celle-ci, sur le milieu de l'arbre des grandes rouës EF, il y a une quatriéme rouë P, qui est aussi fixée en cet endroit, & semblablement garnie de pointes ; cette rouë doit être double de la rouë N, suivant l'idée de son Inventeur.

L'arbre EF étant joint à la plate-forme, de maniére que
1710. l'essieu puisse tourner librement, & la plate-forme ouverte
N°. 133. en R S; on passera un cuir P N, ou TV, percé de plusieurs trous éloignés les uns des autres à égale distance des pointes fichées aux circonférences, sur lesquelles le cuir doit passer en forme de chaîne sans fin, de maniére que la rouë N étant mise en mouvement, fait tourner de même sens la rouë P.

La rouë G est dans une chape adaptée à un arbre vertical XY; à l'extrémité Y est la manivelle Z qui se trouve devant la personne assise; cet arbre ayant la liberté de tourner dans l'épaisseur de la plate-forme où il se trouve pris, il s'ensuit qu'en tournant la manivelle, la poulie tournera aussi, & dirigera la chaise du côté qu'elle sera tournée.

Ces sortes de chapelets de cuir étant sujets à s'alonger, il arrivera que les trous ne répondront plus aux pointes, & qu'ensuite les pointes se faisant de nouveaux trous, couperont nécessairement le cuir, & le feront rompre en peu de tems.

Examinons à présent le chemin que l'on peut faire avec cette chaise dans un nombre de tours donné.

L'on suppose la rouë E de 8 pouces de rayon, la rouë P de 4 pouces, la roue N de deux pouces, & le rayon de la manivelle de 8.

Le nombre des tours de la manivelle est au nombre des tours de la rouë E, comme P est à N; c'est-à-dire, comme 4 est à 2, ou comme 2 est à 1. La force appliquée à la manivelle est à la force qu'il faudroit appliquer à la circonférence de la rouë E pour la faire tourner, comme le produit fait de N & de E, est au produit fait de N & de P; c'est-à-dire, comme 16 est à 32, ou comme 1 à 2; & la force de la manivelle est à la force qu'il faudroit employer pour pousser le Fauteüil, comme 1 est à 4. Il suit de la premiére

Analogie, que si la manivelle fait un tour, la rouë ne fera qu'un demi tour, & la chaise avancera de la demi circonférence de la rouë E; c'est-à-dire, de 25 pouces; donc en quatre tours de manivelle le Fauteüil fera 8 pieds 4 pouces de chemin.

1710.
N°. 133.

MACHINE

Fauteüil mobile sur des Roulettes.

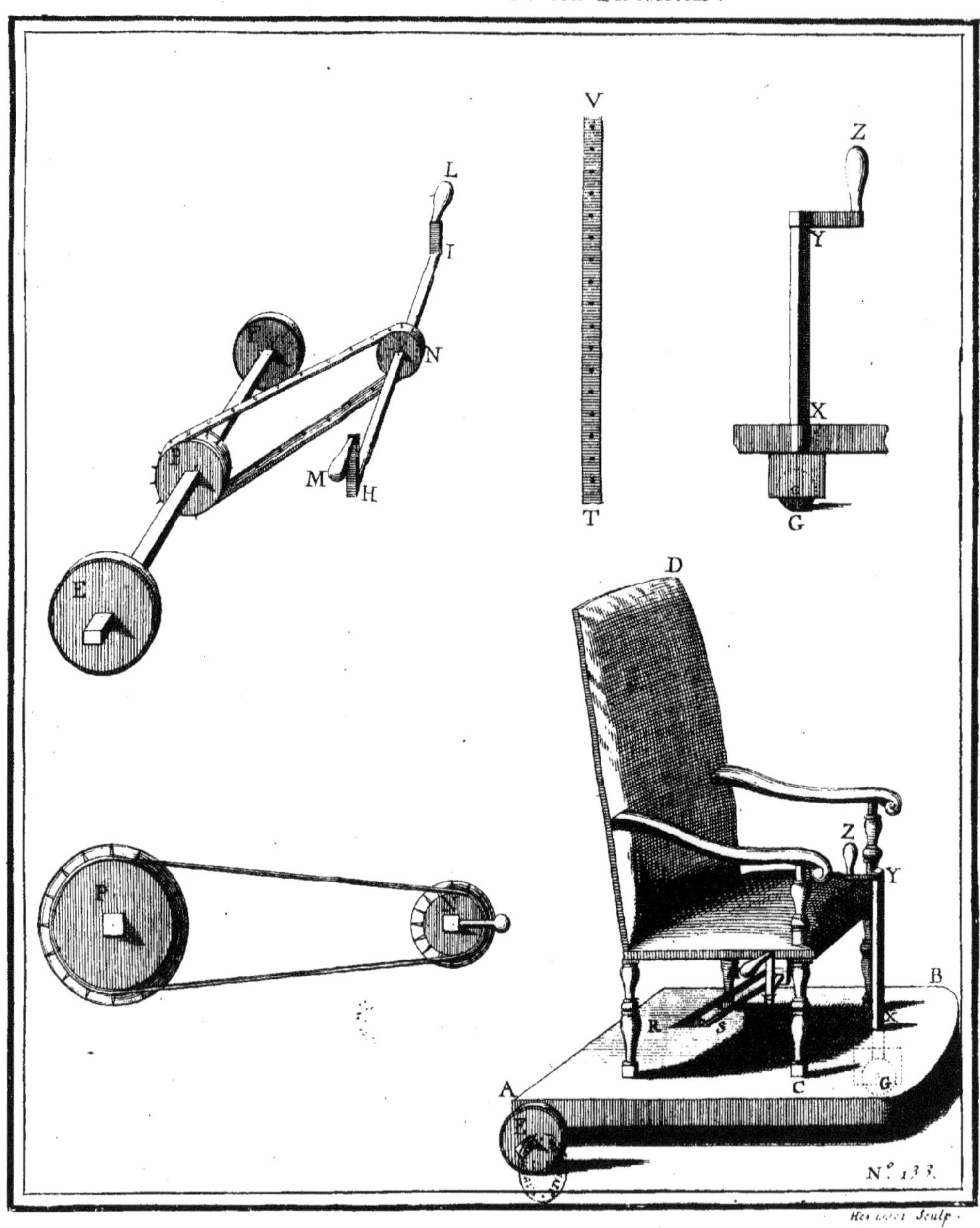

Sculp.

MACHINE POUR REMONTER PLUSIEURS BATEAUX A LA FOIS, INVENTÉE PAR M. CHABERT.

1710. No. 134. & 135. PLANCHE I.

CETTE Machine consiste en quatre rouës de moulin A, B, C, D; les aubans qui les composent s'appliquent sur les jantes, & ne se déployent que lorsqu'ils se trouvent à la partie inférieure des rouës, dont on donnera la construction dans la deuxiéme Planche. Ces rouës ont le même arbre, mais elles sont placées deux à deux à côté l'une de l'autre, de maniére qu'elles laissent entre elles une distance dans laquelle est un gros treüil sur quoi se fait le devidage. Le vaisseau EF qui compose cette Machine s'appelle *Flute* : l'on voit par le profil GH de cette Flute que le fond IL est percé pour laisser passer les rouës, dont il ne sort que les aubans; les cloisons IL qui forment cette séparation se trouvant bien au-dessus de la ligne d'eau MN, il n'est point à craindre que l'eau submerge le Vaisseau: d'ailleurs cette ouverture qui ne régne que dans une partie de la longueur de la Flute ne sçauroit de beaucoup affoiblir sa construction.

Comme l'on ne peut expliquer ici le dévidage du cordage,

1710. N°. 134. & 135.

de peur de causer de la confusion dans le dessein, on dira seulement que le premier cordage O P est celui qui agit actuellement étant fixé à un terme éloigné de la Machine d'une longueur de cable; & que le second cable QR, à l'extrémité duquel est une ancre T, servira à son tour de point fixe, & n'agira qu'après que la Machine aura parcouru la longueur du premier cable: l'ancre T est portée dans une Chalouppe, qui est elle-même tirée de terre par un cheval attelé à la corde S : derriére la Flute est amaré le premier Bateau X, ensuite un second, un troisiéme, un quatriéme, &c.

PLANCHE II.

AB est le plan de la Machine; C, D, E, F sont les quatre rouës; ces rouës ayant le même arbre, l'on place entre la seconde D, & la troisiéme E, un tambour GH; du côté H se fait le devidage du premier cable I, & sur le côté G se fait celui du second L; le premier s'enveloppe sur une grande poulie M, garnie de rouës de volée N; le cable est dirigé de dessus cette poulie sur le tambour G pour faire le second cable : une seconde poulie O sert pour changer le cable d'un côté sur l'autre; les piéces de bois PQ sont pour soûtenir les rouës, & pour diriger les cordages garnis sur les treüils R,R, & qui portent à l'autre bout les grapins P,P; les rouës sont composées de la maniére suivante.

TV est une de ces rouës garnie de rays à l'ordinaire; dans l'intérieur de cette rouë l'on a placé autant de petits treüils qu'il y a de rays : ainsi y ayant 8 rays dans cette rouë, il y a aussi 8 treüils 1, 2, 3, 4, &c. autour de ces tréüils s'enveloppent des petits cordages qui tiennent aux aubans YYY, de maniére qu'en tournant ces treüils d'une certaine quantité, les aubans se fixent sur le pourtour de la rouë, & ne s'abattent que quand on veut, ce qui se fait en lâchant les treüils, & par conséquent les aubans: cette construction tient lieu de frein, puisque les aubans ne se présentent au courant que quand on veut: car la rouë ne sort du fond de la Flute que de la hauteur des aubans, ou pour mieux dire, il n'y a que les aubans qui sortent de ce même fond; les jantes sur lesquelles ils sont attachés se trouvant de niveau avec le fond. 1710. N°. 134. & 135.

Le premier cable I étant donc fixé, les rouës qui font tourner le tambour GH, obligent toute la Flute d'avancer avec les Bateaux qui lui sont attachés; ce premier cable étant sur sa fin, on le garnit d'un autre bout de cable, & on le fait passer par le moyen de la poulie N de dessus le tambour H. Sur le côté G, à l'extrémité de ce cable, est un cadillot ou cheville Z que l'on fait passer dans un œil W, qui est au cable qui agit après le premier I: & ainsi successivement on fait passer le même cable d'un côté sur l'autre, suivant le tirage.

Machine pour remonter plusieurs Bateaux à la fois.

Plan de la Machine à remonter les Bateaux.

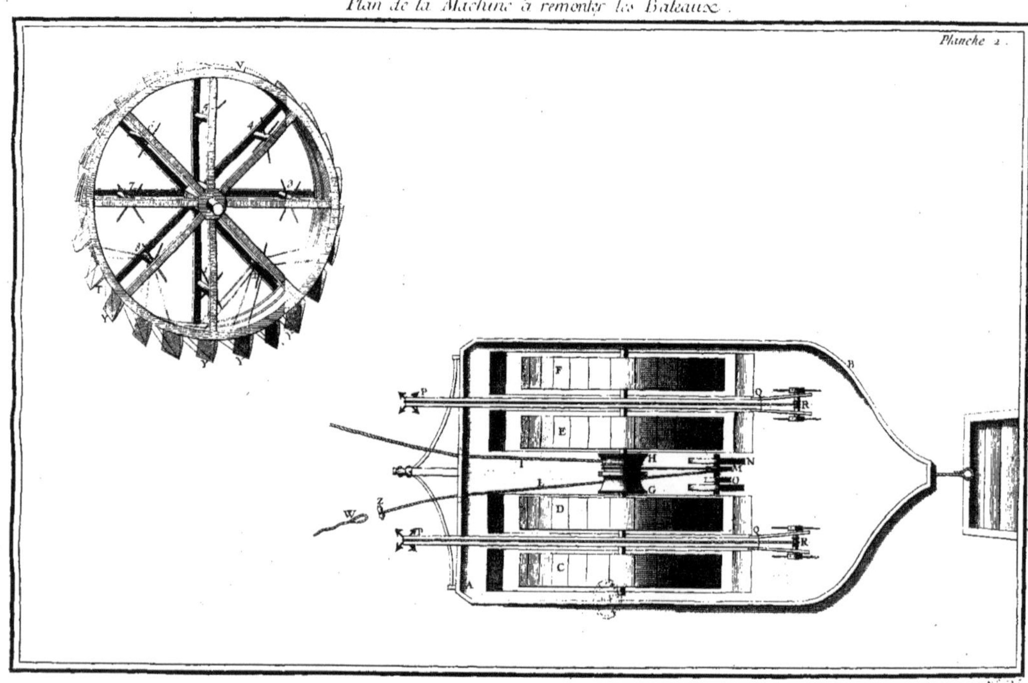

RECUEIL
DES MACHINES
APPROUVÉES
PAR L'ACADÉMIE ROYALE
DES SCIENCES.

ANNÉE 1711.

MACHINES POUR FAIRE JOUER A LA FOIS PLUSIEURS TAMIS, INVENTÉES PAR M. DE CAMUS.

1711. N°. 136. PLANCHE I. FIG. I.

LEs trois Tamis A, B, C, sont posés sur une Planche DE, sur laquelle ils sont arrêtés de maniére qu'on les puisse ôter quand on le voudra pour les vuider. La Planche DE est soûtenuë par ses extrémités, au moyen de deux pivots F, G; le pivot G passe au travers d'un suport pour y recevoir une fourchete L, entre les branches de laquelle passe une manivelle I, dont un des bouts entre dans un trou fait au suport G, où il peut se mouvoir librement. L'autre extrémité de la manivelle traverse un petit chevalet, & porte un balancier H, avec une poignée M, qui sert à faire mouvoir la Machine, lorsque les pivots sont fixés aux deux extrémités de la Planche, & libres dans leurs suports.

Le pivot G où est attaché la fourchete L & la manivelle sont aussi libres dans le même suport G. Cela supposé bien exécuté, il est clair qu'en faisant tourner le balancier H, la manivelle I tournera, & chassera de côté & d'autre alternativement la fourchete L, en appuyant de la

même maniére sur ses côtés intérieurs, ce qui ne se peut
1711. faire sans que la Planche & les Tamis n'ayent le même mou-
No, 136. vement alternatif; d'où il suit que l'on pourra faire travailler à la fois, par le même principe, un plus grand nombre de Tamis, & qu'on passera une grande quantité de poudre en très-peu de tems.

Mais ce mouvement ne s'étant pas trouvé assez prompt, M. De Camus a imaginé celui-ci.

Fig. II. Les Tamis sont posés sur une semblable Planche, & suspendus de la même maniére que la précédente; seulement au pivot G de la Planche *h l*, est fixée une piéce coudée ou composée de 3 piéces *a c b* mobiles autour des cloux *b c*. La derniére *b d* se fixe encore à l'arbre de la lanterne *d*; cette lanterne est engrénée par une rouë E, que l'on fait tourner au moyen de la manivelle F; l'on voit que si l'on fait tourner la rouë E, & la lanterne *d*, le bras *d b* tirera, & poussera continuellement le bras *b c*; pareillement le petit montant *b a*, ou *c a*, qui étant fixé à la Planche *l h* lui fera faire alternativement le chemin *i h* d'un côté, & *l o* de l'autre, & cela par un mouvement continuel, parce que la rouë E ne cesse point d'engrener dans son pignon *d*, au lieu que dans l'autre cas la manivelle ne pousse la fourchete que lorsqu'elle vient à rencontrer une de ces branches; & comme il y a des instants où la manivelle ne la touche dans aucune de ses parties, l'on peut conclure de-là qu'il y a plus de perte de tems dans l'une qu'il n'y en a dans l'autre, parce que dans la premiére construction, la Machine ne sçauroit aller que par sacades; & celle-ci va continuellement, d'un mouvement plus uniforme & plus subit. Cependant la premiére de ces Machines pourra être préférée par la facilité que l'on trouvera dans son exécution.

MACHINE

Machines pour faire jouer à la fois plusieurs Tamis.

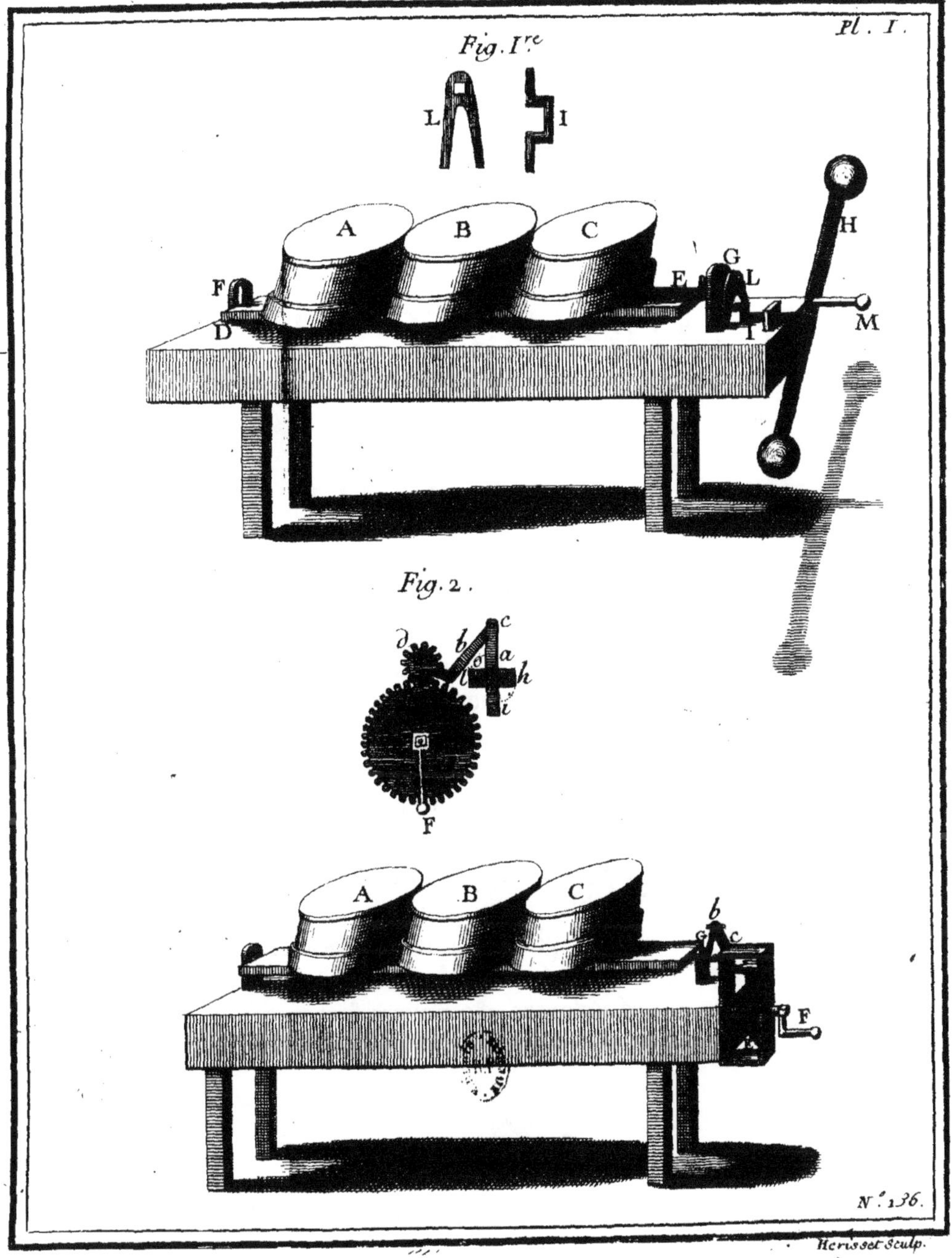

MACHINE

POUR FAIRE MOUVOIR A LA FOIS

PLUSIEURS TAMIS,

INVENTÉE

PAR M. DE CAMUS.

LA suspension AB de cette Machine est semblable aux précédentes, & les Tamis sont assujétis sur cette Planche de la même maniére. Cette Machine se meut par le moyen de la piéce CD, fixement attachée à l'extrémité B de la Planche AB. La piéce D est équarie en E pour y recevoir un pendule F avec une poignée G; l'on fait mouvoir de côté & d'autre la poignée G : par conséquent faisant faire alternativement au pendule le chemin FL, FI, la Planche qui porte les Tamis frappera de ses bords l'établi MN, sur lequel la Machine est suspenduë, d'où il suit que la Planche AB peut être plus longue, & porter un plus grand nombre de Tamis. Cette Machine fera le même effet que les deux précédentes, & pourra être préférée, à cause de la facilité de son exécution.

1711.
N°. 137.
PLANCHE II.

Machine pour tamiser de la Poudre.

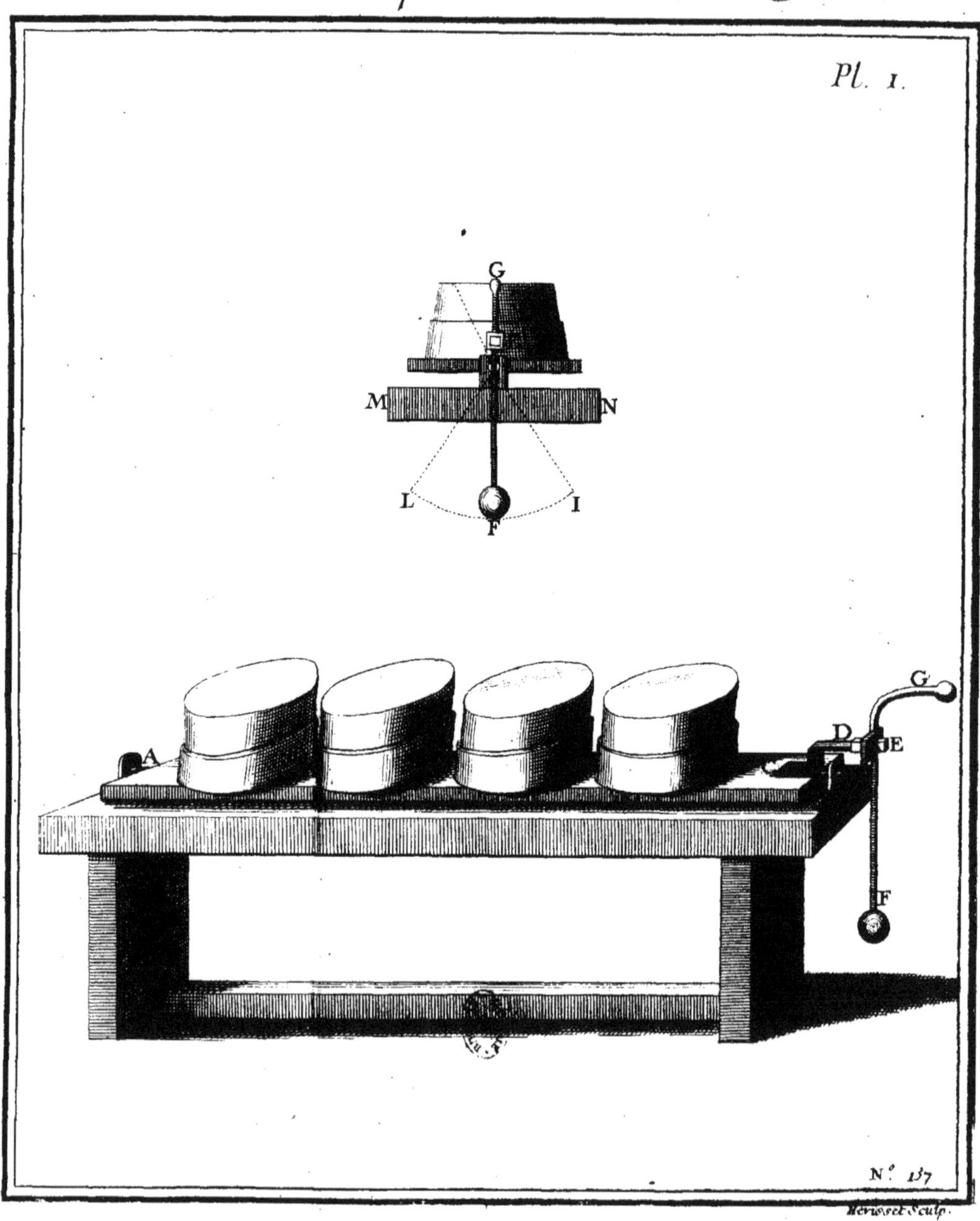

MACHINE

POUR FAIRE MOUVOIR UNE CHAISE,

INVENTÉE

PAR M. GIRARD.

CETTE Machine est comprise dans l'épaisseur de la plate-forme AB sur laquelle est la Chaise ; au côté droit de cette Chaise il y a une manivelle C avec sa lanterne D, qui engrene dans une rouë posée horisontalement, & dont l'arbre en porte une seconde E, renfermée dans l'intérieur de la plate-forme.

1711. No. 138.

FIG. I.

La rouë E fait tourner la rouë F, qui engrene dans une troisiéme rouë G, sur laquelle est la rouë de chan, qui fait mouvoir la lanterne I fixement attachée sur l'essieu des rouës L L. On remarquera que la lanterne I est trop petite de moitié, selon les dimensions que M. Girard en donne. L'on a trouvé en calculant l'avantage de cette Machine, qu'elle ne pouvoit faire que 7 pieds $\frac{1}{2}$ par chaque tour de la grande rouë, en employant une force qu'il seroit difficile de trouver dans un homme qui ne pourroit marcher : ce que l'on verifiera par les dimensions qui seront données, si l'on prend la peine d'en faire le calcul, sur le principe qu'on a déja employé dans l'application du Cric circulaire à un Chariot chargé, faite par M. Thomas en 1703. FIG. III.

La deuxiéme Figure représente une poulie posée sur le devant de la Chaise, & qui sert à la diriger. La chappe R a FIG. II.

1711. No. 138.

un pivot qui paſſe au travers de la plate-forme, dans laquelle elle peut tourner librement. A l'endroit S eſt un bâton TV, aux extrémités duquel ſont attachés des guides qui ſervent à faire tourner & la chappe R & la poulie P, ce qui dirige la Chaiſe du côté où l'on veut aller. Quoique ces cordons paroiſſent aller ſous la Chaiſe, ils doivent néanmoins ſe préſenter à la hauteur de la main de celui qui eſt aſſis.

DIMENSIONS DE CETTE MACHINE.

La lanterne D eſt de 2 pouces de diametre, & a ſix fuſeaux. La roüe dans laquelle elle engrene de 6 pouces auſſi de diametre, & 18 dents.

La roüe E 9 pouces de diametre, & 24 dents.

La roüe F 18 pouces auſſi de diametre, & 48 dents.

La roüe G ſera d'un pied & de 40 dents. La roüe de chan H ſera à peu près du même diametre, & portera 24 dents.

La lanterne I de 3 pouces de diametre, & 6 fuſeaux.

Les roües L L de 3 pieds de diametre.

Machine pour faire mouvoir une chaise.

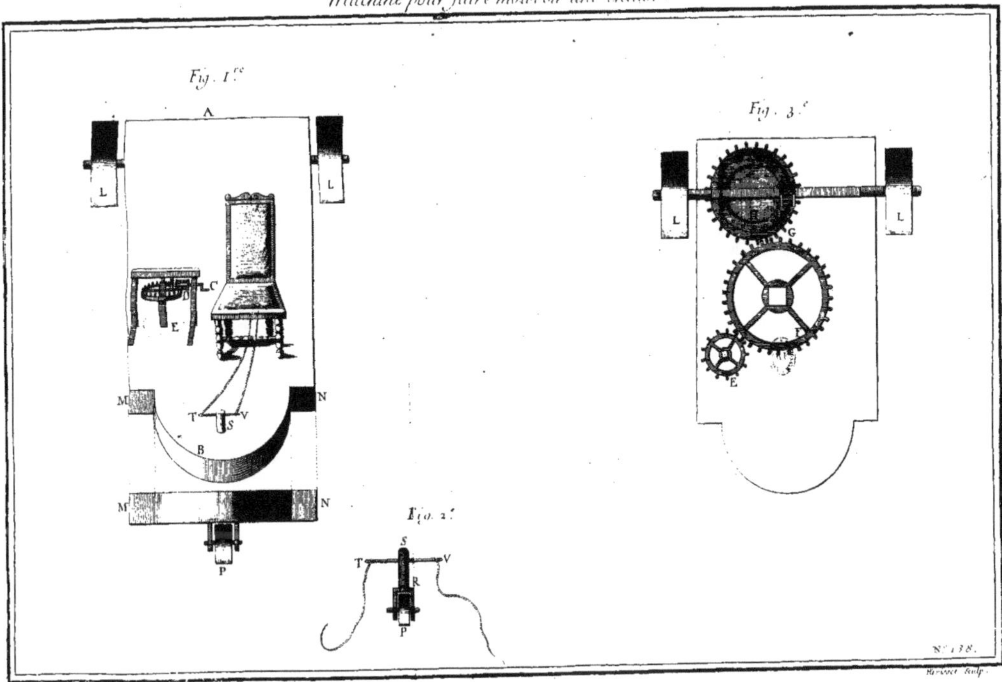

RECUEIL
DES MACHINES
APPROUVÉES
PAR L'ACADÉMIE ROYALE
DES SCIENCES.

ANNÉE 1712.

MACHINE
POUR ELEVER DE L'EAU,
PROPOSÉE
PAR M. L'HEUREUX.

CETTE Machine eſt compoſée d'un arbre AB, autour *duquel ſont différens* plans qui accompagnent l'arbre dans toute ſa longueur, & forment des conduites diſpoſées en ſpirales autour de cet arbre, telles qu'on le voit dans le plan repréſenté en EP. On couvre le tout de planches bien aſſemblées, & ſerties de fer; de ſorte que la Machine ſoit telle que la Figure GH. Une rouë de volée IL ſert à entretenir & rendre les révolutions de cette Machine plus uniformes. 1712. N°. 139.

L'eau d'un ruiſſeau ou marais étant propoſée à élever, on fera un petit bâtis MN conſtruit de deux montans, de deux traverſes, & de deux arc-boutans, chaſſés à force dans le fond du marais: la traverſe du milieu porte une eſpéce de crapaudine, dans laquelle l'extrémité inférieure de l'axe AB peut tourner librement: cette partie eſt ſuppoſée noyée dans l'eau que l'on veut élever.

La partie ſupérieure eſt élevée ſuivant l'exigence des cas; mais le plus communément ſon élevation ne doit point excéder 45 degrés: la hauteur étant déterminée, elle ſera ſoûtenuë par la partie ſupérieure de ſon axe pris dans un

colet ſur un bâtis SR pratiqué à un bord du marais ; la puiſ-
1712. ſance deſtinée à la faire mouvoir eſt appliquée à la mani-
No. 139. velle P, *qui* fait tourner continuellement la Machine ſur elle-même. L'extrémité H puiſe l'eau, qui eſt obligée de monter par les révolutions de la Machine le long des pas qui *la* compoſent : Le dégorgement ſe fait dans un canal V, *qui* la conduit de l'autre côté du ruiſſeau ou marais.

Cette Machine n'eſt autre choſe que la vis d'Archimede ; & on s'en ſert communément depuis long-tems à déſécher les marais ; elle eſt auſſi en uſage dans les travaux de Fortification, ſous le nom d'*Eſcargot*, & elle ſert pour les épuiſemens. Cette Machine n'a été préſentée à l'Académie qu'au ſujet d'un établiſſement qu'on en vouloit faire pour arroſer le terroir de Loriot en Dauphiné, à cinq ou ſix lieuës de Donzere, où il y a un ruiſſeau très-abondant, qui prend ſa ſource dans ce terroir, & qui eſt formé par un grand nombre de fontaines. Son cours eſt d'une rapidité à peu près égale en hyver & en eſté ; mais il ne peut ſervir de lui-même à arroſer une plaine aſſez vaſte qui en eſt traverſée, parce qu'il eſt enfoncé d'environ une toiſe au-deſſous de la ſuperficie de la terre.

Fin du ſecond Volume.

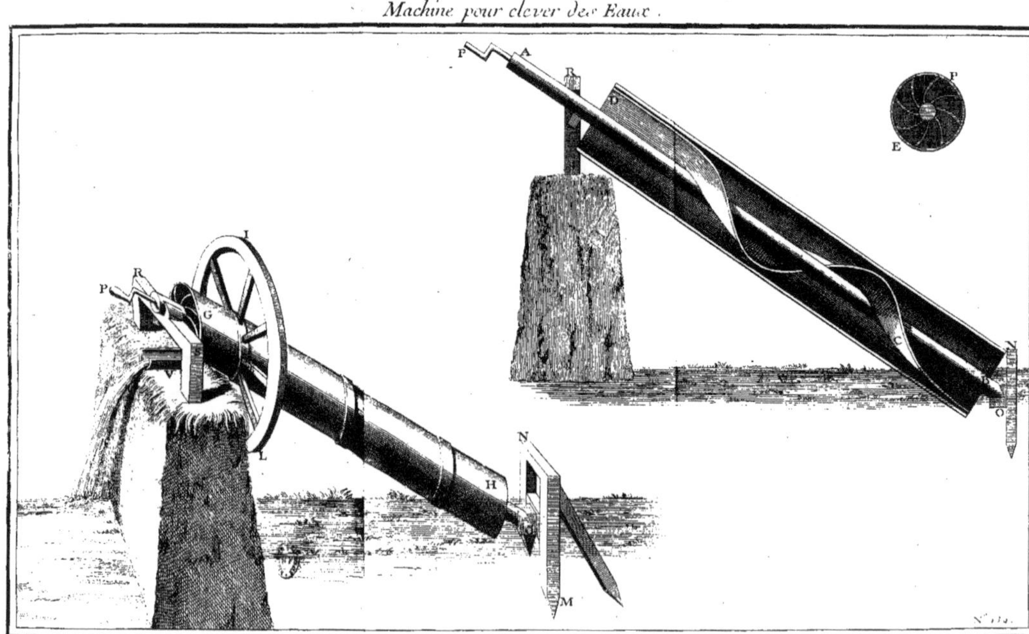
Machine pour elever des Eaux .
P
A
B
D
F
E
C
N
O
I
R
G
L
H
M

www.ingramcontent.com/pod-product-compliance
Ingram Content Group UK Ltd.
Pitfield, Milton Keynes, MK11 3LW, UK
UKHW012203240726
13966UKWH00002B/537